U0367965

《黄河流域宁夏段地下水资源评价及水均衡分析》编委会

主　编

韩强强　马　波

编　委

柳　青　孟旭晨　李洪波　贾　丹　马晓亮　孙玉芳

宋进荣　唐　菲　廖　斌

HUANGHE LIUYU NINGXIADUAN DIXIASHUI ZIYUAN
PINGJIA JI SHUI JUNHENG FENXI

黄河流域宁夏段地下水资源评价及水均衡分析

韩强强　马　波 / 主编

黄河出版传媒集团
阳　光　出　版　社

图书在版编目（CIP）数据

黄河流域宁夏段地下水资源评价及水均衡分析 / 韩强强，马波主编. -- 银川：阳光出版社，2022.12
ISBN 978-7-5525-6637-6

Ⅰ. ①黄… Ⅱ. ①韩… ②马… Ⅲ. ①黄河流域－地下水资源－资源评价－宁夏②黄河流域－地下水资源－水量平衡－分析－宁夏 Ⅳ. ①P641.8

中国版本图书馆CIP数据核字（2022）第258625号

黄河流域宁夏段地下水资源评价及水均衡分析　韩强强　马　波　主编

责任编辑　胡　鹏
封面设计　晨　皓
责任印制　岳建宁

黄河出版传媒集团
阳　光　出　版　社　出版发行

出 版 人　薛文斌
地　　址　宁夏银川市北京东路139号出版大厦（750001）
网　　址　http：//www.ygchbs.com
网上书店　http：//shop129132959.taobao.com
电子信箱　yangguangchubanshe@163.com
邮购电话　0951-5014139
经　　销　全国新华书店
印刷装订　宁夏凤鸣彩印广告有限公司
印刷委托书号　（宁）0025783

开　　本　787mm × 1092mm　1/32
印　　张　3.75
字　　数　100千字
版　　次　2022年12月第1版
印　　次　2022年12月第1次印刷
书　　号　ISBN 978-7-5525-6637-6
定　　价　88.00元

宁夏水文地质环境地质勘察创新团队简介

“宁夏水文地质环境地质勘察创新团队”（以下简称“团队”），是由宁夏回族自治区人民政府于2014年8月2日批准成立。专业从事水文地质调查、供水勘察示范、环境地质调查、地质灾害调查、地热资源勘察、矿山环境治理等领域研究，通过不断加强科技创新能力建设，广泛开展政产学研用结合，攻坚克难，在勘察找水、水资源评价、生态环境调查评价与环境评估治理等方面取得了一系列重大成果。团队集中了宁夏地质局系统60余位水工环地质领域科技骨干，依托地质局院士工作站、博士后科研工作站、中国地质大学（北京、武汉）产学研基地以及“五大业务中心”等科研平台，结合物化探、实验检测、高分遥感测绘等新技术新方法，较系统地开展了区内外水文地质环境地质勘察领域科技攻关，累计承担国家和宁夏回族自治区各类科技攻关项目30项，获得国家和宁夏回族自治区各类奖励10余项，发表科技论文126篇，出版专著10余部。经过几年来的努力发展，团队建设日益完善，已形成以团队带头人为核心，以专家为指导，以水工环地质领军人才为主体的综合优秀团队，引领宁夏回族自治区水文地质环境地质工作健康蓬勃发展，持续为宁夏回族自治区民生建设、生态环境建设、城市及重大工程建设、防灾减灾，环境治理与保护提供着有力的科技支撑与资源保障。

前 言

宁夏位于黄河中上游地区，黄河流经宁夏397公里，近90%的水资源来自黄河，查清宁夏水资源量是黄河流域生态保护重要环节，摸清区域资源家底，开展黄河流域宁夏段地下水资源评价，为支撑黄河流域这一国家战略提供助力。

基于生态优先理念，针对黄河流域宁夏段生态保护与水资源高效利用的需要，本书在收集整理以往水资源评价成果及水文气象数据基础上，更新水文地质参数，核查分析地表水与地下水开发利用现状、渠系入渗量，开展地下水资源初步评价，分析银川平原水均衡情况。为优化配置地下水资源提供依据，服务黄河流域生态保护与高质量发展。

根据《全国地下水资源评价技术要求》，依据中国地质调查局水文地质环境地质调查中心工作要求，结合宁夏地貌单元与水文地质分区，将宁夏贺兰山（Ⅰ）、银川平原（Ⅱ）、陶灵盐台地（Ⅲ）、宁中山地与山间平原（Ⅳ）、腾格里沙漠（Ⅴ）、宁南黄土丘陵与河谷平原（Ⅵ）、宁南山地（Ⅶ）七个水文地质区划分为祖厉河、宁南黄土丘陵及河谷平原、宁中山地及山间平原、贺兰山、银川平原、都思兔河—苦水河、盐池、葫芦河（陇水）、马连河西川上段、茹河、泾河上游、汭河12个五级区，23个六级区，88个七级分区。本次评价黄河流域宁夏段地下水资源量是以89个七级分区为计算区，经过计算地下水天然补给资源量总量$23.63\times10^{8}m^{3}/a$，可开采资源量总量$13.785\times10^{8}m^{3}/a$。

本书是依托中国地质调查局水文地质环境地质调查中心委托的《宁夏地区地表水与地下水开发利用现状调查及水均衡分析》项目成果编写，撰写过程中受到了“宁夏水文地质环境地质勘察创新团队”的指导，同时宁夏国土资源调查监测院唐利君主任也提供帮助，非常感谢。由于编写时间仓促，编者水平所限，不当及错漏之处敬请读者批评指正。

目 录

第1章　工作区概况

1.1　地理位置

宁夏位于我国西北地区东部，黄河中上游，黄河流经宁夏397 km^2，与内蒙古自治区、甘肃省、陕西省毗邻，地理坐标为东经104° 17′ ~ 107° 39′，北纬35° 14′ ~ 39° 23′，面积为6.64万 km^2。工作区范围包括宁夏回族自治区。

工作区行政区划为银川市、石嘴山市、吴忠市、固原市、中卫市5个地级市，灵武市、青铜峡市2个县级市，11个县、9个县级市辖区（以2019年为基准年），首府为银川市。

1.2　地形地貌

宁夏地跨内蒙古高原与黄土高原两个地形区，北部属内蒙古高原，为腾格里、乌兰布和、毛乌素三大沙漠环抱，南部属黄土高原。北部平原海拔高程1100~1200 m，南部黄土丘陵海拔高程2000 m左右。地势南高北低，呈阶梯状下降，山地迭起，平原错落，丘陵连绵，沙地散布，山地与平原多交错分布，此起彼伏，高差悬殊，贺兰山与银川平原高差在2000m以上。其中平原占26.8%，山地、丘陵、台地占71.4%，沙漠占1.8%。按地貌分区，自北而南分为贺兰山山地、银川平原、陶灵盐台地、宁中山地与山间平原、腾格里沙漠、宁南黄土丘陵、宁南山地七个部分。

1.2.1 贺兰山山地

北起乌兰布和沙漠，南至卫宁北山，绵延200 km；西侧为腾格里沙漠，东侧山体急转直下2000余米达银川平原。北段山体最宽约60 km，海拔高程在2000 m以下；中段为贺兰山主体，主峰海拔高程3556 m，沟谷深邃，绝壁耸立，林木繁茂；南段地势逐渐和缓，呈现低山丘陵地貌景观。

1.2.2 银川平原

南起青铜峡，北迄石嘴山，北北东向延展165 km，西依贺兰山，东傍鄂尔多斯台地，宽40~50 km，海拔高程1100~1200 m。平原区内地形平坦，地势由西南向东北倾斜，坡降约为1/4000，是全区地势最低处。

1.2.3 陶灵盐台地

包括苦水河以东，长城以南的灵武东部、盐池大部分地区和陶乐东部，为鄂尔多斯台地西南缘。北邻毛乌苏沙漠，南接黄土丘陵，西临银川平原，海拔高程1200~1700 m。地势自东向西微倾，较为平坦，台面上有固定、半固定沙丘分布，现为天然草场。

1.2.4 宁中山地与山间平原

包括青铜峡以南黄土丘陵以北，苦水河以西的广大地区，向西至腾格里沙漠。此地区山地与平原此起彼落，交错分布。山地有卫宁北山、牛首山、香山、烟筒山、罗山、青龙山。山地规模较小，呈带状分布，海拔高程1500~2000 m，属中山地形。香山为群山之首，主峰海拔高程2356 m。平原主要有卫宁平原、清水河下游冲积平原、红寺堡平原、韦州平原，其中卫宁平原为宁夏第二大平原，西起沙坡头，止于青铜峡，长约105 km，宽10~15 km，可分为香山北麓冲洪积台地和黄河冲积平原。台地位于黄河南岸，由冲洪积砂砾石组成。冲积平原分布于黄河两岸，海拔高程1200 m左右，地势平坦。

1.2.5　腾格里沙漠

地处中卫市沙坡头区西北角，黄河北岸，为腾格里沙漠边缘部分。由活动性沙丘和沙岗组成，沙丘、沙岗高度一般20~30 m。

1.2.6　宁南黄土丘陵与河谷平原

位于宁中山地与山间平原以南的广大地区，包括原州区、彭阳县、西吉县以及海原县、隆德县、同心县、盐池县的部分地区，海拔高程1600~2200 m，地势南高北低，切割剧烈，沟壑纵横，水土流失严重。依其切割程度和地貌形态可分为，西吉梁峁状黄土丘陵、海原残塬梁峁状黄土丘陵、清水河东塬梁峁状黄土丘陵和麻黄山黄土丘陵。黄土丘陵之中最大的河谷平原是清水河冲洪积平原。该平原由四级阶地和两侧洪积扇组成，一般宽5~7 km，最宽处12 km，地形平坦，海拔高程1300~1500 m，其次为葫芦河河谷平原。另外黄土丘陵中常分布一些大小不等的盆地洼地，如西安州洼地、兴仁洼地、甘盐池洼地等。

1.2.7　六盘山山地

由彼此相连的六盘山、月亮山、南华山、西华山、黄家洼山等，组成—北西—南东走向的弧形山带。六盘山位于黄土丘陵最南端，为一中等切割的褶皱中山，由西列大关山和东列小关山两条平行山脉组成。大关山海拔高程一般在2500 m以上，主峰海拔高程2942 m，小关山海拔高程2100~2300 m。大小关山之间是一条宽5 km左右的新生代断陷盆地。月亮山、南华山、西华山主峰海拔高程分别为2633 m、2955 m、2703 m，均为古老变质岩构成的断块山地，山坡陡峻，山体两侧为断崖，山前洪积扇发育。

1.3 区域地质

1.3.1 地层概况

宁夏处在华北地区与祁连地槽过渡地带，是中国东西部不同性质的地质构造单元交汇地区，地层发育较齐全，地质构造比较复杂。自太古界、元古界、中生界及新生界均有分布，但不同地区其发育情况、分布特征以及岩性、厚度均有差异，现由老到新简述如下：

（1）前震旦亚界

主要分布于贺兰山中北段，由各类片麻岩与混合岩组成，称之为贺兰山群，厚逾万米，属华北沉积区。分布于南华山、西华山的石英片岩、大理岩称海原组，属祁连沉积区，这些变质岩系构成宁夏古老的结晶基底。

（2）震旦亚界

发育有震旦系、蓟县系和长城系，缺失青白口系，为浅海—滨海相碎屑岩及少量碳酸盐岩沉积。主要分布于贺兰山北段、南段及青龙山、云雾山一带。震旦系为一套与冰川活动有关的冰水沉积物，下部为冰碛砾岩，上部为板岩。

（3）古生界

根据沉积类型、古生物及构造特征划分为两个沉积区，即华北区和祁连区。

华北区：主要分布于贺兰山与牛首山、罗山东麓至固原、泾源一线以东，其主要特点是缺失志留系至下石炭系。

中上寒武系与下奥陶系主要为碳酸盐岩沉积，下寒武系与中奥陶系为碎屑岩沉积，上奥陶系为浅海相灰岩。总的看来，寒武—奥陶系以滨海相碎屑岩沉积与浅海相碳酸盐岩沉积为主，总厚1600~6000 m。

中、上石炭系为海陆交互相含煤沉积，以碎屑岩沉积为主夹薄层灰岩，厚100~700 m；二叠系为陆盆河湖沼泽相含煤沉积，厚400~3000 m。

祁连区：主要分布于贺兰山、卫宁北山、香山、烟筒山、牛首山、罗山及南华山、西华山等地。

寒武系仅有中统（香山群），为海相中浅变质碎屑岩夹少量碳酸盐岩及硅质岩组成，可见厚度逾万米。

奥陶系缺上统，下统为海相碳酸盐岩沉积，厚度大于100 m。中统为浅海相碎屑岩夹碳酸盐岩沉积，厚100~1500 m。

志留系下中统以浅海相碳酸盐岩沉积为主，厚50~100 m；上统为碎屑岩沉积厚300~600 m。

泥盆系为陆相碎屑沉积，下中统为山麓—河流相沉积，可见厚度1200余米；中统与上统均为河湖相红色碎屑沉积。

石炭系下统为滨海、泻湖相沉积，主要由碎屑岩沉积夹碳酸盐岩组成；中、上统为海陆相交互相含煤沉积，由碎屑岩夹碳酸盐岩组成，厚度数十米至2500 m。

二叠系为陆盆河湖相碎屑岩火山凝灰岩组成，厚100~500 m。

（4）中生界

三叠系主要分布于贺兰山中、北段、灵武磁窑堡、石沟驿及营盘水等地，为陆盆河湖相碎屑沉积；下、中统以杂色砂岩为主间夹泥岩，厚130~2600 m；上统以贺兰山中段最为发育，由杂色砂岩夹泥岩组成，厚320~2500 m。

侏罗系为陆盆河湖相碎屑含煤沉积，零星分布于全区各地，厚300~2700 m。

白垩系为陆盆河湖相沉积，以碎屑岩为主，局部有泥灰岩和膏盐沉积。主要分布于盐池地区与六盘山地区。分布于“南北古脊梁”以东者属志丹盆地沉积，称志丹群，岩性下粗上细，总厚700~1500 m。“南北古脊梁”以西六盘山盆地沉积，称六盘山群，总厚度达3000~4000 m。

（5）新生界

宁夏古近系、新近系较为发育，除古新统以外其他各统均有出露。

古近系、新近系为陆盆河湖相红色碎屑岩沉积，富含膏盐，广布于全区各地，以宁南地区最为发育，是构成黄土丘陵下伏基岩的主要地层，厚度数十米至3000余米。一般近山麓地带沉积物较粗，以砾岩、含砾砂岩、砂岩为主；盆地腹部较细，以砂质岩与泥质岩互层为主。在纵向上，一般下部较粗，上部较细。从组别上看，以始新统寺口子组最粗，以砾岩为主含膏盐最少；渐新统清水营组最细，以泥岩为主，含膏盐最多，并夹有灰岩；中、上渐新统一般以砂岩与泥质岩互层为主，膏盐含量较少。

第四系分布广泛，约占全区总面积的67%，以银川平原最为发育，沉积厚度1600余米。下、中更新统主要分布在河谷平原第四系下部与山前洪积台地的顶部，前者主要为湖积或河湖积的粘性土夹砂层或砂砾石层；后者主要为洪积的砂砾石。上更新统主要为黄土堆积，广泛分布于宁夏南部地区，形成黄土丘陵，厚度数十米至150 m 左右，一般由南而北自西向东变薄。全新统成因类型复杂，以洪积、冲洪积、冲积为主。洪积冲洪积主要分布于山前地带，形成山前倾斜平原，以贺兰山东麓最为发育，厚度数十米至百余米。冲积物主要分布于银川平原、卫宁平原、清水河平原、葫芦河平原内，岩性为砂砾卵石层、砂层夹粘性土层，厚度数米至数十米。

1.3.2　构造概况

宁夏处于我国北部多种构造体系复合交织部位，形成了别具一格的构造格局，综观全区，展布于宁夏全区所有构造形迹，按其走向，大致可分为南北向、东西向、北北东—北东向、北北西—北西—北西西向、北西向等五组构造形迹。南北向构造形迹主要展布于宁夏北部与东部，属于贺兰山经向构造带与祁吕系脊柱的范畴；东西向构造形迹仅展布于贺兰山北端与卫宁地区，前者属于阴山纬向构造带范围，后者为卫宁区域东西向构造带；北北东—北东向构造形迹主要展布于宁夏北部，属新华夏系；北北西—北西—北西西向构造形迹，主要展布于宁夏西南部，属陇西系范围；

北西向构造形迹主要展布于宁夏中部，属河西系，现将各构造体系主要特征概述如下：

（1）贺兰山北段区域东西向构造带

主要展布于贺兰山北段，是天山—阴山纬向构造体系的最南部分。构造形迹多发育于古老结晶基底中，主要以东西向的冲断裂、片理、片麻理和混合岩线理等形式出现。宁夏主要有宗别立—正谊关断裂、碗沟—大磴沟断裂。

（2）贺兰山经向构造带

位于鄂尔多斯台地西缘，纵贯宁夏东部地区，大体在东经106°~107°，北起内蒙古桌子山，经贺兰山、青龙山、罗山、云雾山直至甘肃省平凉以南，长约500 km。它是由地质发展过程中的洼陷和隆起地带显示出来的，其主体为“桌子山—贺兰山—云雾山古生代洼陷带”，东西两侧分别以隐伏基底断裂为界。它的生成较早，控制了古生代的海陆分布与岩相建造的分布。

（3）祁吕贺兰山字型构造脊柱

大体展布于东经105° 30′~107°，北起桌子山北麓，南至甘肃省平凉一带，呈北宽南窄的楔形，由一系列走向南—北的挤压性断裂和褶皱组成，为一狭长构造带。在宁夏自北西至南东展布有贺兰山断陷带、银川—吴忠断陷带、牛首山褶断带、清水河—六盘山断褶带、陶乐隐伏隆起带、横山堡—石沟驿复向斜、罗山—云雾山隆起带、马家滩断褶带。

（4）新华夏系

此区的新华夏系为我国新华夏系第三沉降带以西的外围成分，它位于北纬38°~44° 40′与东经105°~107°。自西而东，由内蒙古吉兰泰—临河坳陷区与宁夏贺兰山断褶带、银川断陷盆地组成，呈走向北东30°~40°平行排列的多字型构造。

（5）河西系

主要展布在青海与甘肃省交界地区，由一套走向330°~350°的压性、压扭性构造形迹组成。宁夏北北西向压性、压扭性构造，仅属于河西构造体系东部的一部分。在区内呈带状分布，主要有北北西向的冲断裂群、挤压破碎带及其伴生的扭性、张性结构面组成，于宁夏主要展布有贺兰山南端三关—牛首山断裂带和香山—烟筒山断裂带。

（6）陇西系

是由向北东方向突出的弧形隆起构造带与沉陷带相间排列，构成巨型帚状构造。在宁夏展布于东经106° 30′以西、北纬37° 40′以南，它对宁夏西南地区综合构造形态起了控制作用。在宁夏主要由3个旋回隆起断褶带和4个沉降坳陷带以及与其伴生或派生次级构造组成。自北东至南西分别为鸣沙—新庄集新生代坳陷带、余丁—烟筒山—窑山隆起褶断带、中卫—固原新生代坳陷带、黑山—香山隆起断褶带、兴仁—海原新生代坳陷带、西华山—南华山—六盘山隆起断褶皱带、西吉新生代坳陷带等。

（7）卫宁区域东西向构造带

主要展布于卫宁地区，北以土井子—骡子山断裂为界，南至香山东麓，是由一系列走向东西彼此平行展布的线性褶皱与断裂组成，并伴有不同等级不同序次但具成生联系的各种结构面。根据构造特征及其空间分布规律，由北向南可划分为大战场—古城子复背斜带、卫宁北山复向斜带、香山复背斜带。

1.4 气候气象

按全国气候区划，宁夏固原市南半部属暖温带半湿润区，固原市中部属中温带半干旱区，固原市以北地区为中温带干旱区。宁夏地处我国西北内陆，位于我国季风区的西缘，冬季受蒙古高压控制，夏季处在东南风西行末梢，形成典型的大陆气候，具有冬寒漫长、夏少酷暑、雨雪稀少、气候干燥、日照充足、蒸发强烈、风大沙多、南凉北暖、南湿北干及气象灾害较多等特点。

1.4.1 气温

据宁夏各气象台1951—2019年观测站资料，多年平均气温8.5℃，最低气温出现在一月份，多年平均气温 -7.4℃，最高气温出现在七月份，多年平均气温22.1℃（见表1-1、图1-1）。从地区分布看，在宁夏中部的银川、永宁、吴忠地区气温相对较高，多年平均气温在10℃，在南部的六盘山地区气温相对较低，多年平均气温只有1.75℃。

表 1-1 全区各气象站 1951—2019 年逐月平均气象要素统计表

项目 月份 / 日	气温（℃）	降雨量（mm）	蒸发量（mm）
1	–7.42	2	49.2
2	–2.94	3.2	72.3
3	3.35	7.3	154.7
4	10.57	15.3	237.1

续表

项目 月份 / 日	气温（℃）	降雨量（mm）	蒸发量（mm）
5	16.07	26.5	293
6	20.4	36.5	296.3
7	22.1	61	275.5
8	20.47	65.6	230.2
9	15.2	42.4	161.6
10	8.57	19.7	124.9
11	1.2	5.7	79.3
12	–5.22	1.3	52.1
合计	8.53	286.4	2026.3

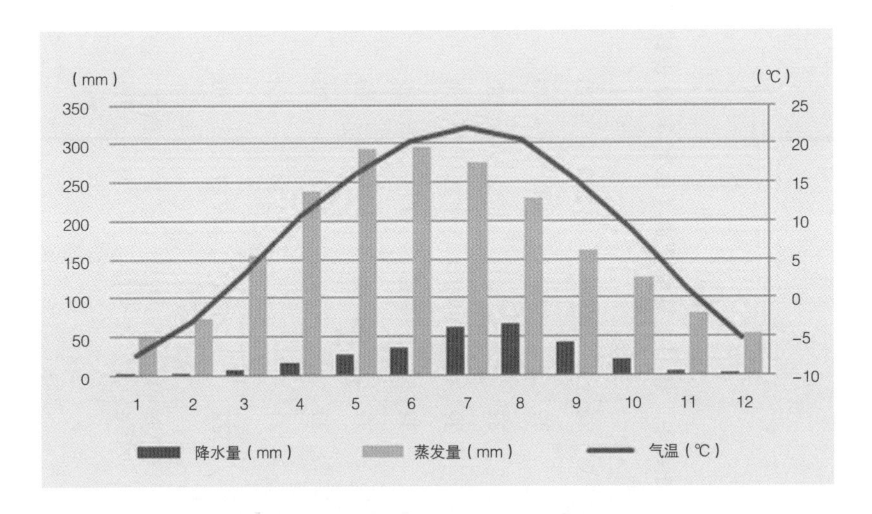

图1–1　全区各气象站1951—2019年多年月平均气象要素图

1.4.2 降水量

根据宁夏各气象站（1951—2019年）观测资料，多年平均降水量286.39 mm，从地区分布情况看，石嘴山市多年平均降水量178.78 mm，银川市多年平均降水量194.54 mm，吴忠市多年平均降水量189.40 mm，中卫市多年平均降水量185.03 mm，固原市多年平均降水量461.78 mm。从降水量分布情况看，由北向南逐渐增高，降水低值区在北部石嘴山市惠农区，多年平均降水量175.45 mm，降水高值区在六盘山地区，多年平均降水量651.61 mm，其次是泾源地区降水量650.31 mm。年内降水主要集中在6—9月，占全年总降水量的72%。通过1980—2019年年均降水量频率计算表表明（表1-2），枯水期降水量小于244 mm，丰水期降水量大于330 mm，平水期降水量介于二者之间，2019年年均降水量为343.57 mm，降水量频率为9.76%，为丰水期，选择2019年作为本次水资源评价的水文年是可行的。

表 1-2　宁夏 1980—2019 年年均降水量频率计算表

单位：mm

序号	对应年份	年均降水量	频率 %	序号	对应年份	年均降水量	频率 %
1	2018	379.888	2.44	21	1983	290.91667	51.22
2	1990	371.9125	4.88	22	2015	279.028	53.66
3	1985	371.3375	7.32	23	1994	273.85417	56.10
4	2019	343.572	9.76	24	2011	269.636	58.54
5	2003	336.125	12.20	25	2010	261.848	60.98
6	1992	332.64167	14.63	26	1981	259.39583	63.41

续表

序号	对应年份	年均降水量	频率 %	序号	对应年份	年均降水量	频率 %
7	2017	331.768	17.07	27	1999	252.5375	65.85
8	1984	330.97083	19.51	28	1993	248.6625	68.29
9	2014	329.548	21.95	29	2008	246.448	70.73
10	2012	322.34	24.39	30	2006	245.53333	73.17
11	2002	318.74167	26.83	31	2004	244.64583	75.61
12	1996	309.45	29.27	32	1987	238.89583	78.05
13	1998	309.42917	31.71	33	2009	237.016	80.49
14	1995	306.10417	34.15	34	1991	232.9875	82.93
15	2001	306.05	36.59	35	2000	226.3125	85.37
16	2013	305.744	39.02	36	1986	223.66667	87.80
17	1988	300.64167	41.46	37	1997	211.11667	90.24
18	1989	293.74583	43.90	38	1980	210.01739	92.68
19	2007	292.44	46.34	39	2005	199.87917	95.12
20	2016	292.072	48.78	40	1982	172.3	97.56

1.4.3　蒸发量

根据宁夏各气象站（1951—2019年）观测资料，多年平均蒸发量2026.30 mm。从地区分布看（图1-1），蒸发量高值区在永宁地区，多年平均蒸发量3473.0 mm，低值区在南部六盘山地区，多年平均蒸发量1100.8 mm。蒸发量变化趋势与降水量相反，总体趋势是由北向南逐渐减弱，北部石嘴山地区多年平均蒸发量3262.8 mm，向南至固原地区渐变为1513.4 mm。蒸发量年内最大值出现在4—8月份，最小值出现在1、12月份。

1.5 河流水系

宁夏位于黄河中上流，除中卫市甘塘为内陆区和盐池东部为内流区外，其余均为黄河流域，其干流及支流中，流域面积大于10000 km^2的仅有黄河和清水河2条，大于1000 km^2的有14条，200~1000 km^2有43条。宁夏除六盘山区、南华山区、罗山区、香山区、贺兰山东麓有多常流水沟道，其余地区多为季节性河流。

黄河干流自中卫南长滩流入，流经卫宁灌区到青铜峡水库，出库入青铜峡灌区至石嘴山头道坎以下麻黄沟流出，区内流程397 km，占黄河全长的7.3%，多年平均径流量273.9×10^8 m^3（2002—2013年），是宁夏农业灌溉的主要供水水源。

清水河：是黄河上游宁夏流入黄河最大的一级支流。发源于固原市原州区开城镇黑刺沟脑，由南向北流经原州区、西吉县、海原县、同心县、沙坡头区及中宁县，在中宁县泉眼山汇入黄河，集水面积14481 km^2，其中区内13511 km^2。

苦水河：是直接入黄河的一级支流，发源于甘肃省环县沙坡子沟脑，集水面积5218 km^2，其中区内4942 km^2。由甘肃省环县进入宁夏，经盐池、同心、灵武、利通区，由灵武市新华桥汇入黄河。

红柳沟：为直接入黄河支流，发源于同心县小罗山西南部的黑山，集水面积1064 km^2，河长107 km，流经红寺堡、同心、中宁三县，由中宁县鸣沙洲汇入黄河。

泾河：发源于六盘山东麓马尾巴梁东南，区内总面积4955 km^2，河长39 km，流经泾源、原州区、彭阳及盐池4县后进入甘肃省。

葫芦河：为渭河上游一级支流，发源于六盘山余脉月亮山，流经西吉、原州区、隆德后，于甘肃省静宁县汇入渭河。区内流域面积3281 km^2，河长120 km。

祖厉河：位于西吉、海原两县内，区内集水面积597 km^2，由甘肃省靖远县汇入黄河。

第 2 章　水文地质条件

2.1　地下水储存条件及分布规律

宁夏处于多构造体系的复合交织部位，在漫长的地质历史时期，历经多次构造运动，特别是晚近期的构造运动，控制了宁夏现今的地貌格局，这种格局控制着储水构造，由构造和地貌制约着区域储水体的构成和展布，但是，影响地下水储存条件的主要因素是新生代地质。这些构造体系所控制的中新生代断陷盆地，是宁夏地下水富集带，具有重要的水文地质意义。

2.1.1　基岩山地储水带

（1）基岩山地风化裂隙储水带

北部贺兰山地，中部香山、卫宁北山、牛首山、烟筒山、罗山，南部六盘山、月亮山、南西华山等基岩山地，由前古生界、古生界、中生界层状岩系组成，含水带主要为强风化带裂隙水，局部为裂隙脉状水，富水性弱，一般为溶解性总固体小于1 g/L 的淡水。

（2）块状岩系裂隙储水带

主要分布于贺兰山北部与中部，含水岩组由前震旦亚界深变质岩与前加里东期花岗岩组成，断裂与节理裂隙非常发育，构成块状岩系裂隙水，水质好，为溶解性总固体小于1 g/L 的淡水。

（3）层状岩系层间裂隙储水带

于贺兰山中北段分布的三叠系以及磁窑堡至石沟驿分布的二叠系、三叠系、侏罗系碎屑岩，构成为褶皱型的层间水，富水性较弱，为溶解性总固体小于1 g/L 的淡水或1~3 g/L 的微咸水。

（4）碳酸盐岩类裂隙岩溶储水带

主要分布于贺兰山中段、香山东北端、牛首山西北部、青龙山、黑山—云雾山等地，含水岩组主要由下古生界、震旦亚界灰岩组成。富水性变化大，水质好。

2.1.2 中、新生代储水盆地

（1）白垩系储水盆地

分布于盐池县、彭阳县东部地区，为陕甘宁白垩系自流盆地西缘，宁夏为一大型向斜（天环大向斜）。含水岩组由下白垩系志丹群组成，富水性在盐池地区大部分钻孔单井涌水量在500~100 m^3/d（按口径200 mm，降深10 m 时换算水量，下同），在王乐井—张记井一带，单井涌水量在1000~2000 m^3/d。溶解性总固体大部分为3~6 g/L，在北部高沙窝一带溶解性总固体为1~3 g/L。彭阳地区大部分单井涌水量在500~1000 m^3/d，局部地区单井涌水量大于3000 m^3/d。水质大部分为溶解性总固体1~3 g/L 的微咸水，局部地区小于1 g/L。

（2）古近系和新近系储水盆地

包括了清水河流域、葫芦河流域、苦水河流域，由巨厚的陆盆河湖相红色含盐碎屑岩构成，由南而北直抵卫宁平原，并成为伏于黄土之下的储水构造。根据汇水条件可进一步划分为西吉盆地、海原盆地、清水河河谷盆地、予旺盆地、卫宁盆地、大水坑盆地、官厅—古城盆地。古近系和新近系储水盆地在同心以南地区表面形态为强烈切割的红岩丘陵或黄土梁峁丘陵，不易于地表水储存，因此大面积黄土和古近系和新近系具有潜水特征的地下水仅呈点、线状分布，而且以微咸水、咸水居多，但在适宜的微地貌条件下，可形成漂浮状淡水体。古近系和新近系层间水，虽然构成了储水盆地的主体，但普遍为弱富水或贫水的高矿化水，溶解性总固体一般为3~6 g/L 或6~10 g/L。在与分布有淡水体的山区邻近的盆地边缘蕴有淡水或微咸水，如六盘山麓、南西华山北麓等。

（3）第四系储水盆地

第四系储水盆地与古近系和新近系储水盆地具有继承性，但规模远小于古近系和新近系储水盆地。银川平原、卫宁平原、清水河河谷平原是宁夏主要的第四系储水盆地，一般为河湖相粘砂土、细砂、砂砾石沉积，厚度巨大，尤以银川平原最甚，厚度达千米以上。并具有粗细相间的多韵律结构，因而构成承压水储水盆地，局部地段可构成承压自流水区。银川平原、卫宁平原因引黄灌溉，渠系、田间渗漏使地下水有充沛的补给来源，富水性强、水量丰富，水质好，银川平原北部水质稍差。黄土丘陵中傍山而处的中小型储水盆地或河谷平原，也有较厚的第四系沉积，含水层岩性多为砂砾石层，富水性较好，单井涌水量1000~500 m^3/d，局部地区3000~1000 m^3/d。主要为溶解性总固体小于1 g/L 的淡水或1~3 g/L 的微咸水。如葫芦河河谷平原、南华山山前盆地、兴仁洼地、罗山东麓红城水和水套、西安洲洼地等。黄土丘陵区黄土层并不构成广泛、连续的孔隙水，只有在补给条件和储水条件比较好的微地貌地段有可能存在小型淡水体。在灵盐台地地区，第四系储水盆地表现为小规模的潜水坳谷洼地，含水层多为砂砾石、砂粘土层，厚度小于20 m，富水性较弱，以淡水为主，并且孔隙水往往与基底孔隙裂隙水具有水力联系。

2.2　地下水类型

根据地下水赋存条件与含水岩类型特征，将宁夏地下水分为四种基本类型即：松散岩类孔隙水、碎屑岩类裂隙—孔隙水、碳酸盐类岩溶裂隙水和基岩裂隙水。

2.2.1　松散岩类孔隙水

主要是指埋藏于第四系松散覆盖层中的水，其特点是分布广、埋藏浅、开采方便，是最具供水意义的地下水。

松散岩类孔隙水主要分布于银川平原、卫宁平原、清水河河谷平原、葫芦河河谷平原，宁中山间洼地、南华山古洪积扇、灵盐台地坳谷洼地等地区。根据地下水赋存条件，将松散岩类孔隙水划分为单一潜水含水岩组，潜水—承压水多层结构含水岩组。多层结构的潜水—承压水，根据开采条件和地下水分布特征，在250 m勘探深度内，又进一步，将地表以下50 m以上含水岩组划分为上覆潜水含水岩组，又称第Ⅰ含水岩组，50~150 m之间的含水层划分为第一承压含水岩组，又称第Ⅱ含水岩组，150~250 m之间含水层划分为第二承压含水岩组，又称第Ⅲ含水岩组。上覆潜水与承压水之间有一个比较连续的粘性土隔水层，厚度一般3~10 m。潜水以下承压水比较复杂，层次多、变化大，各承压含水岩组之间隔水层不稳定，连续性较差（只是相对而言）。

2.2.2 碎屑岩类裂隙—孔隙水

主要包括古近系和新近系、白垩系、前白垩系裂隙孔隙层间水。

古近系和新近系裂隙孔隙层间水的主要特点是含水岩组厚度大、分布广、水质差、水量小。在宁夏南部常构成大型的储水盆地，在宁夏北部主要分布在第四系储水盆地周边，在地貌上常表现为山前台地。

2.2.3 碳酸盐岩类岩溶裂隙水

主要由下古生界寒武系、奥陶系与震旦亚界的碳酸盐岩夹碎屑岩组成。分布范围不大，具有水量大、水质好、埋藏深、露头少的特点。含水岩组富水性极不均一，主要受岩性与构造的控制，一般断裂破碎带、岩溶发育的地段富水性较好。

2.2.4 基岩裂隙水

基岩裂隙水是指赋存于山区基岩裂隙中的地下水。其基本特点是接受大气降水的直接渗入补给，分布极不均匀，径流途径短，常于沟谷转化为第四系潜水或地表径流，水质好。含水岩组主要由古生界碎屑岩、浅变质岩，震旦亚界碎屑岩及前震旦亚界变质岩组成。

2.3 地下水循环特征

宁夏地下水的补径排条件受地质、构造、地貌条件的控制，从区域上看，山区属地下水的补给区，山前地带属地下水径流区，平原、坳谷、洼地为地下水的排泄区。

银川平原、卫宁平原地下水除了大气降水补给外，还有山前洪水散失渗入补给，侧向径流补给，渠系田间灌溉入渗补给。银川平原渠系、田间灌溉入渗补给量为19.1632×10^{8} m^{3}/a，占补给总量的86.9%。田间灌溉入渗使地下水具有丰富的补给来源，地下水资源一部分经过短距离径流后，排泄于排水沟中，部分靠蒸发和人工开采排泄。经计算潜水蒸发量为10.8651×10^{8} m^{3}/a，占总排泄量的49.2%。卫宁平原渠系、田间灌溉入渗补给量为4.1499×10^{8} m^{3}/a，占总补给量的87.3%，潜水蒸发量为1.4710×10^{8} m^{3}/a，占排泄量的29.8%。

广大丘陵山区大气降水入渗补给是地下水唯一的补给来源，因而天然资源受降水量影响，呈现由南而北递减的规律。在宁夏南部黄土丘陵区，切割强烈，地形破碎，集中于7、8、9月雨季的降水量以山洪的形式，沿洪水沟道排泄于丘陵区外，水土流失严重，使其补给量微弱，这些地区地下水位埋深一般在十几米以上，有的达数十米，因而地下水仅靠切穿含水层的沟谷来排泄。

黄土丘陵中的坳谷洼地，除了接受大气降水的补给外，还接受周边山区的侧向补给，因而部分地区补给源比较充沛，水量丰富。这些地段地下水埋藏较浅，受蒸发影响明显，因而在洼地中地下水化学成分具明显的分带性，在洼地中央最低处往往有盐水湖或咸滩分布。

灵盐台地区，虽降水少，但其地表形态波状起伏，一般降水不形成远距离山洪径流而汇集于小规模的洼地中，并使地下水具有较丰富的补给，这些地段往往成为小型供水水源。

中卫西北沙漠区和盐池哈巴湖一带等地段，上部有活动沙丘覆盖，由于受温差影响，形成一定数量的凝结水补给而形成局部地段的沙漠潜水。

大气降水是基岩山区地下水唯一的补给来源，大气降水经短距离径流，常汇集于沟谷中流出山区外。

2.4 地下水水化学特征

2.4.1 地下水水化学主要特征

（1）潜水水化学特征

从区域上看，潜水水化学成分在水平方向上有明显的分带性，在基岩山区与山麓洪积扇地带水交替积极，潜水水化学作用以溶滤作用占优势，水化学类型以溶解性总固体小于1g/L 的重碳酸或重碳酸—硫酸盐型水为主。平原区水交替缓慢，潜水排泄以蒸发为主，潜水水化学作用以浓缩占优势，水化学类型较为复杂。在平原边缘水化学类型为溶解性总固体1~2 g/L 的硫酸—氯化物水，在平原中部水化学类型为溶解性总固体2~5 g/L 以硫酸—氯化物和氯化物—硫酸盐水为主。山间洼地或盆地处于汇水中心，潜水径流滞缓或基本处于停滞状态，蒸发是潜水主要的排泄方式，从而使潜水高矿化以至浓缩，溶解性总固体高达每升几十克。水化学成分除受地貌影响外，还与气候因素有关，大致以南西华山、炭山一线为界，此线以南地区年降水量大于400 mm，潜水水化学类型多以溶解性总固体小于1 g/L 或1~2 g/L 的重碳酸—硫酸盐型水或硫酸—重碳酸盐型水为主。此线以北降水量向北减少，潜水水化学类型多为溶解性总固体2~5g/L 或5~10 g/L 的硫酸—氯化物或氯化物—硫酸盐型水。在盐池地区的坳谷潜水和中卫西部腾格里沙漠边缘的沙漠凝结水，多为溶解性总固体小于1 g/L 的重碳酸—硫酸盐型水。宁夏的第三系由于富含石膏，地下水普遍较差，除山前径流条件比较好的地段外，其余均为溶解性总固体2~5 g/L 或5~10 g/L 的硫酸—氯化物或氯化物—硫酸盐型水。

（2）承压水水化学特征

承压水水化学成分受地质条件、沉积环境控制，岩层中可溶盐含量越低，地下水径流条件越好，水质就好，反之就差。宁夏第四系为湖盆相沉积，岩层中富含石膏和易溶盐类，地下水水质普遍较差，多为溶解性总固体2~5 g/L 或5~10 g/L 的硫酸—氯化物型水。但在湖盆边缘近山地带地下水径流条件好，岩层中含盐量相对较低，水化学类型为溶解性总固体小于1 g/L 或1~2 g/L 的重碳酸—硫酸盐型水。一般情况下，水化学在垂直方向上，浅部水质较好，下部水质较差，深度越大，水质越不好，表现为正常的水化学垂直分带规律。在银川平原内，第四系承压水由南向北，水质由好变差，在平罗县以北溶解性总固体大于1 g/L，水化学类型从由南向北由重碳酸—氯化物型水过渡为硫酸—氯化物型水。

2.4.2　地下水水质分布规律

宁夏地下水水质及水化学成分受气候、地形地质构造及岩性多种因素影响，使地下水水质及水化学成分比较复杂，形成了繁多的地下水类型。

（1）潜水及主要含水岩组

宁夏北部地下水多为溶解性总固体小于1 g/L 或1~2 g/L 的淡水

或微咸水，水化学类型为$HCO_3 \cdot SO_4$–$Na \cdot Ca$或$HCO_3 \cdot Cl$–$Na \cdot Mg$型水，宁夏中南部黄土丘陵和陶灵盐台地区多为溶解性总固体2~5 g/L或大于5 g/L的咸水，水化学类型多为$SO_4 \cdot Cl$–$Na \cdot Mg$和$Cl \cdot SO_4$–$Na \cdot Mg$型水。

①贺兰山区

大部分地区主要为基岩裂隙水，水质好多为溶解性总固体小于1g/L的淡水，水化学类型多为$HCO_3 \cdot SO_4$–$Na \cdot Mg$或$HCO_3 \cdot SO_4$–$Na \cdot Ca$型水。在贺兰山南部大井子沟至庙山湖地段，地层主要为新近系、白垩系、三叠系碎屑岩，水质较差，溶解性总固体1 g/L。

②银川平原

从总体看变化规律是，由西向东，从南西往北东水质由好变差，由贺兰山前洪积倾斜平原向东至黄河岸边，从南部青铜峡冲积扇往北到石嘴山惠农区的礼和，地下水溶解性总固体由小于1 g/L的淡水逐渐过渡到大于5 g/L（局部大于10 g/L）的咸水、苦咸水。水化学类型主要有$HCO_3 \cdot SO_4$–$Na \cdot Mg$、$HCO_3 \cdot SO_4$–$Na \cdot Ca$、$SO_4 \cdot HCO_3$–$Na \cdot Mg$、$SO_4 \cdot Cl$–$Na \cdot Mg$、$Cl \cdot SO_4$–$Na \cdot Mg$型水。

③陶灵盐台地

在陶乐台地区溶解性总固体多为1~2 g/L，局部大于5 g/L，水化学类型主要为$SO_4 \cdot Cl$–$Na \cdot Mg$或$Cl \cdot SO_4$–$Na \cdot Mg$型水。在灵盐台地大部分地区溶解性总固体2~5 g/L，在马家滩、麻黄山一带溶解性总固体大于5 g/L。高沙窝至盐池县以北地区水质相对较好，溶解性总固体1~2 g/L。另外在该区局部坳谷地段水质较好，溶解性总固体小于1 g/L。该区水化学类型主要为$SO_4 \cdot Cl$–$Na \cdot Mg$、$Cl \cdot SO_4$–

$Na \cdot Mg$ 型，局部为 $HCO_3 \cdot SO_4\text{–}Na \cdot Mg$、$HCO_3 \cdot Cl\text{–}Na \cdot Ca$ 型。

④宁中山地与山间平原

卫宁平原地区，在中卫大部分地区地下水溶解性总固体小于1 g/L，部分地区1~2 g/L，水化学类型多为 $HCO_3 \cdot SO_4\text{–}Na \cdot Mg$ 或 $HCO_3 \cdot Cl\text{–}Na \cdot Ca$ 型水。中宁地区水质较为复杂，靠近黄河地段溶解性总固体小于1 g/L，由黄河向两边，溶解性总固体1~2 g/L，局部地区2~5 g/L。水化学类型多为 $HCO_3 \cdot SO_4\text{–}Na \cdot Mg$、$HCO_3 \cdot Cl\text{–}Na \cdot Mg$、$SO_4 \cdot HCO_3\text{–}Na \cdot Mg$ 型水。

中部山区地下水溶解性总固体多为1~2 g/L 或2~5 g/L 的微咸水或咸水，水化学类型主要为 $HCO_3 \cdot Cl\text{–}Na \cdot Mg$、$Cl \cdot SO_4\text{–}Na \cdot Mg$、$HCO_3 \cdot SO_4\text{–}Na \cdot Mg$ 型水。

⑤腾格里沙漠区

该地区地下水溶解性总固体多为1~2 g/L 微咸水，水化学类型主要为 $HCO_3 \cdot SO_4\text{–}Na \cdot Mg$、$HCO_3 \cdot SO_4\text{–}Ca \cdot Mg$ 型水。

⑥宁南黄土丘陵与河谷平原区

清水河谷平原以三营为界，三营以南地下水水质好，溶解性总固体小于1 g/L，水化学类型为 $HCO_3 \cdot SO_4\text{–}Na \cdot Mg$ 型水，由三营往北水质逐渐变差，在李旺—王团—河西镇一带溶解性总固体大于5 g/L，水化学类型多为 $Cl \cdot SO_4\text{–}Na \cdot Ca$、$SO_4 \cdot Cl\text{–}Na \cdot Ca$、$SO_4 \cdot Cl\text{–}Na \cdot Mg$ 型水。

黄土丘陵区地下水水质普遍较差，溶解性总固体多为2~5 g/L，在西吉田坪地区溶解性总固体大于5 g/L，水化学类型主要为 $SO_4 \cdot Cl\text{–}Na \cdot Mg$、$SO_4 \cdot HCO_3\text{–} Mg \cdot Na$、$Cl \cdot SO_4\text{–}Na \cdot Mg$ 型水。

⑦宁南山区

山体主要由白垩系地层构成，水质较好，地下水溶解性总固体多为小于1 g/L，水化学类型为 HCO_3·SO_4–Ca·Mg 型水。

（2）承压水

第四系松散岩类孔隙浅层承压水主要分布于银川平原。从平原地下水水质分布情况看，水质由西向东逐渐变差，地下水溶解性总固体由西向东至黄河岸边由小于1 g/L 渐变为2~5 g/L。水化学类型由山前向东至黄河岸边依次为 HCO_3·SO_4– Mg·Ca、SO_4·HCO_3–Na·Mg、Cl·HCO_3–Na·Mg 型水。

第3章 水资源开发利用现状

3.1 地表水资源

3.1.1 供水量

据《宁夏水资源公报》(2019年)，2019年宁夏供水总量为$69.901\times10^8\,m^3$，其中黄河水$62.012\times10^8\,m^3$，占总供水量的88.7%；地下水$6.808\times10^8\,m^3$，占总供水量的9.7%；当地地表水$0.693\times10^8\,m^3$，占总供水量的1.0%；非常规水利用量$0.388\times10^8\,m^3$(主要用于工业与城镇绿化)，占总供水量的0.6%。流域分区、行政分区供水量分别见表3-1、表3-2。

3.1.2 取水量

据《宁夏水资源公报》(2019年)，2019年全区取水总量$69.901\times10^8\,m^3$，其中地下水量$6.808\times10^8\,m^3$，当地地表水量$0.693\times10^8\,m^3$，引扬黄河水量$62.012\times10^8\,m^3$，非常规水量$0.388\times10^8\,m^3$。在各行业取水量中，农业取水量最多为$59.273\times10^8\,m^3$，占总取水量的84.8%，农业实际灌溉面积912.31万亩，其中高效节水灌溉面积400万亩；工业取水量$4.427\times10^8\,m^3$，占总取

表 3-1　2019 年流域分区供水量

单位：10^8 m^3

流域分区		地表水源供水量			地下水源供水量	非常规水供水量	总供水量
		当地地表水	黄河水	小计			
黄河灌区		0.021	60.033	60.054	4.680	0.158	64.892
山丘区		0.672	1.979	2.651	2.128	0.23	5.009
其中	祖厉河				0.007		0.007
	清水河	0.198	0.050	0.248	0.473	0.016	0.737
	红柳沟	0.002	0	0.002	0.047		0.049
	苦水河	0.004	0.100	0.104	0.038		0.142
	黄右区间	0.002	1.583	1.585	0.057	0.168	1.810
	黄左区间	0.032	0.171	0.203	1.000	0.026	1.229
	葫芦河	0.188		0.188	0.226	0.006	0.420
	泾河	0.241		0.241	0.123	0.014	0.378
	盐池内流区	0.005	0.075	0.08	0.157		0.237
全区		0.693	62.012	62.705	6.808	0.388	69.901

数据来源：宁夏 2019 年水资源公报。

表 3-2 2019 年行政分区供水量

单位：$10^8\ m^3$

行政分区	地表水源供水量			地下水源供水量	非常规水供水量	总供水量
	当地地表水	黄河水	小计			
银川市	0.002	18.629	18.631	2.908	0.097	21.636
石嘴山市	0.051	11.219	11.270	1.436	0.034	12.740
吴忠市	0.005	17.100	17.105	1.090	0.034	18.229
固原市	0.611	0.106	0.717	0.509	0.032	1.258
中卫市	0.024	13.154	13.178	0.817	0.041	14.036
宁东		1.804	1.804	0.0488	0.150	2.002
全区	0.693	62.012	62.705	6.808	0.388	69.901

数据来源：宁夏 2019 年水资源公报。

水量的6.3%；城镇生活取水量$3.102\times10^8\ m^3$，占总取水量的4.4%；农村人畜取水量$0.667\times10^8\ m^3$，占总取水量的1.0%；生态取水量$2.432\times10^8\ m^3$，占取水量的3.5%。流域分区、行政分区取水量分别见表3-3、表3-4。

表 3-3 2019 年行政分区取水量

单位：$10^8 m^3$

行政分区	农业取水量		工业取水量		城镇生活取水量		农村人畜取水量		生态取水量	总取水量	
	合计	其中地下水	合计	其中地下水	合计	其中地下水	合计	其中地下水		合计	其中地下水
银川市	18.117	0.708	0.572	0.427	1.668	1.644	0.129	0.129	1.150	21.636	2.908
石嘴山市	10.613	0.192	0.98	0.748	0.47	0.44	0.056	0.056	0.621	12.74	1.436
吴忠市	16.80	0.191	0.486	0.276	0.534	0.486	0.218	0.138	0.191	18.229	1.091
固原市	0.839	0.458	0.09	0.017	0.192	0.015	0.137	0.018	0	1.258	0.508
中卫市	12.735	0.295	0.487	0.228	0.217	0.175	0.127	0.119	0.47	14.036	0.817
宁东	0.169		1.812	0.038	0.021	0.010				2.002	0.048
全区	59.273	1.844	4.427	1.734	3.102	2.770	0.667	0.46	2.432	69.901	6.808

数据来源：宁夏 2019 年水资源公报。

表 3-4 2019 年流域分区取水量

单位：10^8 m^3

流域分区		农业取水量		工业取水量		城镇生活取水量		农村人畜取水量		生态取水量	总取水量	
		合计	其中地下水	合计	其中地下水	合计	其中地下水	合计	其中地下水		合计	其中地下水
黄河灌区		58.137	1.041	1.642	1.049	2.337	2.270	0.343	0.319	2.432	64.891	4.679
山丘区		1.136	0.803	2.785	0.685	0.765	0.500	0.324	0.141		5.01	2.129
其中	祖厉河	0.002	0.002	0	0	0	0	0.005	0.005		0.007	0.007
	清水河	0.384	0.330	0.066	0.015	0.160	0.055	0.127	0.074		0.737	0.474
	红柳沟	0	0	0	0	0.037	0.037	0.012	0.010		0.049	0.047
	苦水河	0.012	0.012	0.107	0.007	0	0	0.024	0.019		0.143	0.038
	黄右区间	0.009	0.003	1.774	0.038	0.021	0.010	0.006	0.006		1.810	0.057
	黄左区间	0.036	0.004	0.793	0.602	0.395	0.388	0.006	0.006		1.230	1.00
	葫芦河	0.289	0.215	0.007	0.001	0.061	0	0.062	0.010		0.419	0.226
	泾河	0.28	0.118	0.018	0.002	0.042	0.003	0.038	0		0.378	0.123
	盐池内流区	0.124	0.119	0.020	0.020	0.049	0.007	0.044	0.011		0.237	0.157
全区		59.273	1.844	4.427	1.734	3.102	2.770	0.667	0.46	2.432	69.901	6.808

数据来源：宁夏 2019 年水资源公报。

3.1.3 耗水量

2019年全区耗水总量$38.055\times10^8\ m^3$，其中耗地下水$3.155\times10^8\ m^3$，耗黄河水$34.022\times10^8\ m^3$，耗非常规水$0.388\times10^8\ m^3$，耗当地地表水$0.490\times10^8\ m^3$。分行业耗水量中，农业耗水量最多为$30.779\times10^8\ m^3$，占总耗水的80.9%；工业耗水量$3.211\times10^8\ m^3$，占8.4%；城镇生活耗水量$0.966\times10^8\ m^3$，占2.5%；农村人畜耗水量$0.667\times10^8\ m^3$，占1.8%；生态耗水$2.432\times10^8\ m^3$，占6.4%。流域分区、行政分区耗水量分别见表3-5、表3-6。

3.1.4 取耗水指标

2019年全区人均综合取水量1006 m^3；万元GDP（当年价）取水量186 m^3，农业灌溉亩均取水量648 m^3；万元工业增加值（当年价）取水量35 m^3；灌溉水有效利用系数0.543。2019年全区人均综合耗水量548 m^3；万元DP（当年价）耗水量102 m^3；农业灌溉亩均耗水量336 m^3，行政分区取（耗）水效率见表3-7。

3.2 地下水资源

3.2.1 地下水开采量

2019年地下水开采量以本次工作调查统计资料为依据，以《宁夏2019年水资源公报》为主，收集的各县市水利资料为辅。20世纪90年代各县（市）地下水开采量采用《宁夏地下水资源评价报告》（2002年）数据。20世纪80年代各县（市）地下水开采量采用《宁夏地下水现状调查及保证程度论证报告》（1991年）数据。20世纪70年代各县（市）地下水开采量采用《宁夏地下水资源评价报告》（1984年）数据。

表 3-5 2019 年行政分区耗水量

单位：$10^8\ m^3$

行政分区	农业耗水量		工业耗水量		城镇生活耗水量		农村人畜耗水量		生态耗水量	总耗水量	
	合计	其中地下水	合计	其中地下水	合计	其中地下水	合计	其中地下水		合计	其中地下水
银川市	7.198	0.425	0.286	0.141	0.505	0.480	0.129	0.129	1.150	9.268	1.175
石嘴山市	4.884	0.115	0.488	0.256	0.148	0.130	0.056	0.056	0.621	6.197	0.557
吴忠市	10.509	0.141	0.261	0.099	0.164	0.145	0.218	0.138	0.191	11.343	0.523
固原市	0.693	0.367	0.069	0.005	0.067	0.005	0.137	0.018	0	0.966	0.395
中卫市	7.326	0.218	0.295	0.075	0.076	0.052	0.127	0.119	0.470	8.294	0.464
宁东	0.169		1.812	0.038	0.006	0.003				1.987	0.041
全区	30.779	1.266	3.211	0.614	0.966	0.815	0.667	0.460	2.432	38.055	3.155

数据来源：宁夏 2019 年水资源公报。

表 3-6　2019 年流域分区耗水量

单位：10^8 m^3

流域分区		农业耗水量		工业耗水量		城镇生活耗水量		农村人畜耗水量		生态耗水量	总耗水量	
		合计	其中地下水	合计	其中地下水	合计	其中地下水	合计	其中地下水		合计	其中地下水
黄河灌区		29.866	0.625	0.859	0.395	0.722	0.667	0.342	0.319	2.432	34.221	2.006
山丘区		0.913	0.641	2.352	0.219	0.244	0.148	0.325	0.141		3.834	1.149
其中	祖厉河	0.002	0.002	0	0	0	0	0.005	0.005		0.007	0.007
	清水河	0.307	0.264	0.056	0.005	0.052	0.017	0.127	0.074		0.542	0.360
	红柳沟	0	0	0	0	0.011	0.011	0.012	0.010		0.023	0.021
	苦水河	0.009	0.009	0.102	0.002	0	0	0.024	0.019		0.135	0.03
	黄右区间	0.007	0.002	1.774	0.012	0.006	0.003	0.006	0.006		1.793	0.023
	黄左区间	0.029	0.003	0.399	0.193	0.120	0.114	0.006	0.006		0.554	0.316
	葫芦河	0.231	0.171	0.002	0	0.023	0	0.062	0.010		0.318	0.181
	泾 河	0.228	0.094	0.012	0.001	0.017	0.001	0.038	0		0.295	0.096
	盐池内流区	0.101	0.095	0.007	0.007	0.016	0.002	0.044	0.011		0.168	0.115
全 区		30.779	1.266	3.211	0.614	0.966	0.815	0.667	0.460	2.432	38.055	3.155

数据来源：宁夏 2019 年水资源公报。

表 3-7　2019 年行政分区取耗水效率统计

行政分区	人均（m^3/人）		万元 GDP（m^3/万元）		农业亩均（m^3/亩）		工业万元增加值（m^3/元）	灌溉水有效利用系数
	取水量	耗水量	取水量	耗水量	取水量	耗水量	取水量	
银川市（含宁东）	1027	487	124	59	757	305		0.526
石嘴山市	1581	769	249	121	726	334		0.526
吴忠市	1288	804	316	197	578	362		0.564
固原市	101	77	39	30	169	139		0.718
中卫市	1195	706	321	189	682	392		0.528
全区	1006	548	186	102	648	336	35	0.543

数据来源：宁夏 2019 年水资源公报。

地下水开采量调查统计数据表明，宁夏地下水开采量20世纪70年代为2.2131×10^8 m^3/a，20世纪80年代为4.5676×10^8 m^3/a，20世纪90年代为5.5511×10^8 m^3/a，2019年为6.808×10^8 m^3/a。2019年地下水开采量比20世纪70年代增加了4.595×10^8 m^3/a，比20世纪80年代增加了2.2404×10^8 m^3/a，比20世纪90年代增加了1.2569×10^8 m^3/a，地下水开采量在逐年增加。

3.2.2　地下水开采程度

（1）水源地开采程度

宁夏现有水源地主要为集中式城镇供水水源地与农村千吨万人供水工程水源地，地下水开采量3.08×10^8 m^3/a，占宁夏地下水总开采量的45.30%，占宁夏总取水量的4.41%。

已探明集中式城镇供水水源地关停5处，备用11处，现用30处，开采资源量为6.7802×10^8 m³/a，开采量为2.72×10^8 m³/a，服务人口376.5万人，水源地开采程度为40.18%，占宁夏地下水总开采量的40.02%。开采程度＞100%的超采水源地有贺兰县水源地、灵武市崇兴水源地2个，开采程度100%的基本平衡水源地为东郊水源地、永宁水源地、灵武市大泉水源地、金积水源地、小洪沟水源地5个；有23个水源地开采程度＜100%，为尚有潜力的水源地。农村千吨万人供水工程水源地有45处，地下水开采量0.3599×10^8 m³/a，服务人口134.52万人，占宁夏地下水总开采量的5.29%。

从总体上看，北部地区水源地开采量大于南部地区开采量，北部地区开采量为2.3394×10^8 m³/a，占水源地总开采量的85.88%；南部地区地下水开采量为0.3847×10^8 m³/a，占水源地总开采量的14.12%。

（2）地下水开采程度

2019年地下水开采量为6.808×10^8 m³/a，占地下水资源量（≤2 g/L）的37.08%，北部地区开采量为4.985×10^8 m³/a，南部地区开采量为1.823×10^8 m³/a。各市县地下水开采程度（表3–8）显示，北部地区大武口区地下水开采程度超过100%属超采，石嘴山市惠农区、银川市市辖区地下水开采程度＞50%；南部地区盐池县、海原县、红寺堡区地下水开采程度＞100%属超采，同心县、西吉县开采程度＞50%，其余市县地下水开采程度较低。

从总体上看，宁夏各市县地下水开采程度具有明显差异（表3–8），局部地区地下水超采，但宁夏整体地下水开采程度＜50%，尚有开采潜力。如北部地区（银川平原）地下水资源量为 328.38×10^4 m^3/d，水源地 B 级储量为 169.279×10^4 m^3/d。目前地下水开采量为 64.09×10^4 m^3/d，占水源地 B 级储量37.86%，尚剩余水源地 B 级储量 105.189×10^4 m^3/d。

3.2.3　地下水利用情况

宁夏地下水主要用于农业、工业、城镇生活和农村人畜四个方面，具体利用情况见表3-9。

表 3-8　2019 年各县（市）地下水开采程度表

单位：10^8 m^3/a

行政区		开采量	地下水资源量（≤ 2g/L）	开采程度（%）
银川市	银川城区	1.702	1.781	95.56
	永宁县	0.207	1.399	14.80
	贺兰县	0.867	1.754	49.43
	灵武市	0.132	1.129	11.69
石嘴山市	大武口区	0.647	0.356	181.74
	惠农区	0.323	0.577	55.98
	平罗县	0.466	1.592	29.27
吴忠市	利通区	0.568	1.199	47.37
	青铜峡市	0.073	2.199	3.32
	红寺堡区	0.209	0.094	222.34
	盐池县	0.169	0.087	194.25
	同心县	0.072	0.101	71.29
中卫市	沙坡头区	0.288	1.997	14.42
	中宁县	0.285	1.483	19.22
	海原县	0.244	0.151	161.59

续表

行政区		开采量	地下水资源量（≤ 2g/L）	开采程度（%）
固原市	原州区	0.2	0.508	39.37
	西吉县	0.219	0.263	83.27
	隆德县	0.008	0.369	2.17
	泾源县		0.948	0.00
	彭阳县	0.081	0.373	21.72
	宁东	0.048		
	合计	6.808	18.36	37.08

资料来源：宁夏地下水通报（2019 年）。

由表3-9可以看出，宁夏城镇生活用水量最大，城镇生活用水2.77×10^{8} m^3，占总开采量的41%；其次为农业用水为1.844×10^{8} m^3，占总开采量的27%；工业用水次之，开采量为1.734×10^{8} m^3，占总开采量的25%，农村人畜用水量较少，仅为0.46×10^{8} m^3，占总开采量的7%。宁夏各市中银川市用水量最大，开采量为2.908×10^{8} m^3，其中主要用于城镇生活用水，固原市用水量最小，开采量为0.508×10^{8} m^3，主要用于农业用水。北部地区（银川平原）城镇生活、工业用水3.956×10^{8} m^3，占总开采量的58.11%；南部地区农业用地下水0.886×10^{8} m^3，占总开采量的13.01%。

表 3–9　2019 年各县（市）地下水利用情况表

单位：10^8 m^3/a

行政区		农业	工业	城镇生活	农村人畜	小计
银川市	银川城区	0.136	0.237	1.288	0.041	1.702
	永宁县	0.011	0.069	0.104	0.023	0.207
	贺兰县	0.558	0.106	0.176	0.027	0.867
	灵武市	0.003	0.015	0.076	0.038	0.132
石嘴山市	大武口区	0.004	0.404	0.233	0.006	0.647
	惠农区	0.098	0.146	0.052	0.035	0.323
	平罗县	0.09	0.198	0.155	0.015	0.466
吴忠市	利通区	0.058	0.199	0.275	0.036	0.568
	青铜峡市		0.049	0.126	0.034	0.073
	红寺堡区		0.007	0.037	0.029	0.209
	盐池县	0.131	0.02	0.007	0.011	0.169
	同心县	0.002	0.001	0.041	0.028	0.072
中卫市	沙坡头区	0.073	0.072	0.102	0.041	0.288
	中宁县	0.018	0.156	0.071	0.04	0.285
	海原县	0.204		0.002	0.038	0.244
固原市	原州区	0.166	0.014	0.012	0.008	0.2
	西吉县	0.214	0.001		0.004	0.219
	隆德县	0.002			0.006	0.008
	泾源县					
	彭阳县	0.076	0.002	0.003		0.081
	宁东		0.038	0.01		0.048
	合计	1.844	1.734	2.77	0.46	6.808

资料来源：宁夏地下水通报（2019 年）。

3.2.4 缺水情况

（1）需水量

宁夏地下水开采主要集中在银川市、石嘴山市、吴忠市，银川都市圈城乡西线供水计划为银川市、石嘴山市、青铜峡市供给黄河水，替换地下水。需水量是宁夏各县市城镇生活用水定额、农村居民生活用水定额、大小牲畜用水定额乘以各县（市）城镇人口、农村人口、大小牲畜数量（表3–10、表3–11）。

表 3–10 2019 年城镇生活和农村居民生活用地下水需水量结果表

行政区		城镇			农村		
		人口（人）	定额（L/人·d）	需水量（10^4 m^3/a）	人口（人）	定额（L/人·d）	需水量（10^4 m^3/a）
银川市	银川城区	1286652	110	516.59	163519	19	11.34
	永宁县	138359	95	47.98	105230	19	7.30
	贺兰县	149138	95	51.71	112600	19	7.81
	灵武市	171796	95	59.57	123266	19	8.55
石嘴山市	大武口区	276250	110	110.91	30626	19	2.12
	惠农区	174044	110	69.88	33126	19	2.30
	平罗县	155052	95	53.76	135344	19	9.39
吴忠市	利通区	269708	110	108.29	148509	19	10.30
	青铜峡市	152731	110	61.32	145106	19	10.06
	红寺堡区	69024	85	21.41	134887	19	9.35
	盐池县	79926	85	24.80	78605	19	5.45
	同心县	138833	85	43.07	198058	19	13.74

续表

行政区		城镇			农村		
		人口（人）	定额（L/人·d）	需水量（10^4 m^3/a）	人口（人）	定额（L/人·d）	需水量（10^4 m^3/a）
中卫市	沙坡头区	234371	95	81.27	178348	19	12.37
	中宁县	161308	95	55.93	190433	19	13.21
	海原县	123176	85	38.22	280722	19	19.47
固原市	原州区	220690	95	76.52	210443	19	14.59
	西吉县	100620	85	31.22	251995	19	17.48
	隆德县	51761	85	16.06	105424	19	7.31
	泾源县	33559	85	10.41	68849	19	4.77
	彭阳县	64607	85	20.04	134428	19	9.32
	合计	4051605		1498.98	2829518		196.23

注：1.2019年宁夏城镇生活用水定额采用《宁夏城镇生活用水定额》。

2.2019年各县（市）城镇人口、农村人口、大小牲畜及工业产值采用《宁夏2018年统计年鉴》，总人口688.1123人。

3. 2019年宁夏平均农村居民生活用水定额、大小牲畜用水定额根据《宁夏回族自治区水资源开发利用规划》（2000、2010、2020）。

表 3-11　2018 年大、小牲畜用地下水需水量结果表

行政区		牛（万头）	定额（L/头·d）	需水量（$10^4 m^3/a$）	猪（万头）	定额（L/头·d）	需水量（$10^4 m^3/a$）	羊（万只）	定额（L/只·d）	需水量（$10^4 m^3/a$）	牲畜总需水量（$10^4 m^3/a$）
银川市	银川城区	3.89	35	4.97	5.45	10	1.99	10.39	8	3.03	9.99
	永宁县	2.72	35	3.47	2.58	10	0.94	9.5	8	2.77	7.19
	贺兰县	2.61	35	3.33	3.13	10	1.14	7.05	8	2.06	6.54
	灵武市	3.11	35	3.97	13.11	10	4.79	59.32	8	17.32	26.08
石嘴山市	大武口区	0.1	35	0.13	0.94	10	0.34	1.46	8	0.43	0.90
	惠农区	1.1	35	1.41	1.77	10	0.65	21.86	8	6.38	8.43
	平罗县	4.24	35	5.42	6.21	10	2.27	34.24	8	10.00	17.68
吴忠市	利通区	5.51	35	7.04	4.18	10	1.53	27.19	8	7.94	16.50
	青铜峡市	2.8	35	3.58	12.92	10	4.72	17.71	8	5.17	13.46
	红寺堡区	4.23	35	5.40	1.34	10	0.49	31.31	8	9.14	15.04
	盐池县	0.2	35	0.26	6.28	10	2.29	107.61	8	31.42	33.97
	同心县	5.53	35	7.06	0.6	10	0.22	76.26	8	22.27	29.55

续表

行政区		牛（万头）	定额（L/头·d）	需水量（$10^4m^3/a$）	猪（万头）	定额（L/头·d）	需水量（$10^4m^3/a$）	羊（万只）	定额（L/只·d）	需水量（$10^4m^3/a$）	牲畜总需水量（$10^4m^3/a$）
中卫市	沙坡头区	3.32	35	4.24	16.51	10	6.03	20.27	8	5.92	16.19
	中宁县	2.93	35	3.74	17.34	10	6.33	23.72	8	6.93	17.00
	海原县	4.42	35	5.65	2.45	10	0.89	34.06	8	9.95	16.49
固原市	原州区	5.8	35	7.41	7.52	10	2.74	23.94	8	6.99	17.14
	西吉县	9.94	35	12.70	3.11	10	1.14	21.22	8	6.20	20.03
	隆德县	2.86	35	3.65	3.37	10	1.23	2.6	8	0.76	5.64
	泾源县	2.72	35	3.47	0.17	10	0.06	0.83	8	0.24	3.78
	彭阳县	6.77	35	8.65	3.47	10	1.27	28.21	8	8.24	18.15
合计		74.8	35	95.56	112.45	10	41.04	558.75	8	163.16	299.76

注：各县市牛、猪、羊数量采用《宁夏2018年统计年鉴》当年出栏数。

（2）缺水情况

据表3-12分析，宁夏2019年城镇生活、农村人畜地下水开采量为$3.22\times10^8 m^3$，农业、工业地下水开采量为$3.588\times10^8 m^3$；城镇生活、农村人畜需水量为$1.99\times10^8 m^3$，保证程度161.41%。各市缺水情况见图3-1。

表 3-12 2019 年各县（市）地下水缺水情况

单位：$10^8 m^3/a$

市县名称		需水量	开采量	供需差值	保证程度（%）
银川市	银川城区	0.54	1.329	0.79	247.06
	永宁县	0.06	0.127	0.06	203.32
	贺兰县	0.07	0.203	0.14	307.31
	灵武市	0.09	0.114	0.02	121.02
石嘴山市	大武口区	0.11	0.239	0.13	209.77
	惠农区	0.08	0.087	0.01	107.93
	平罗县	0.08	0.17	0.09	210.31
吴忠市	利通区	0.14	0.311	0.18	230.22
	青铜峡市	0.08	0.16	0.08	188.57
	红寺堡区	0.05	0.066	0.02	144.09
	盐池县	0.06	0.018	–0.05	28.03
	同心县	0.09	0.069	–0.02	79.90
中卫市	沙坡头区	0.11	0.143	0.03	130.21
	中宁县	0.09	0.111	0.02	128.86
	海原县	0.07	0.04	–0.03	53.93

续表

市县名称		需水量	开采量	供需差值	保证程度（%）
固原市	原州区	0.11	0.02	–0.09	18.47
	西吉县	0.07	0.004	–0.06	5.82
	隆德县	0.03	0.006	–0.02	20.68
	泾源县	0.02	0	–0.02	0.00
	彭阳县	0.05	0.003	–0.04	6.31
	合计	1.99	3.22	1.23	161.41

* 各县（市）地下水开采量不包括农业、工业用地下水开采量。

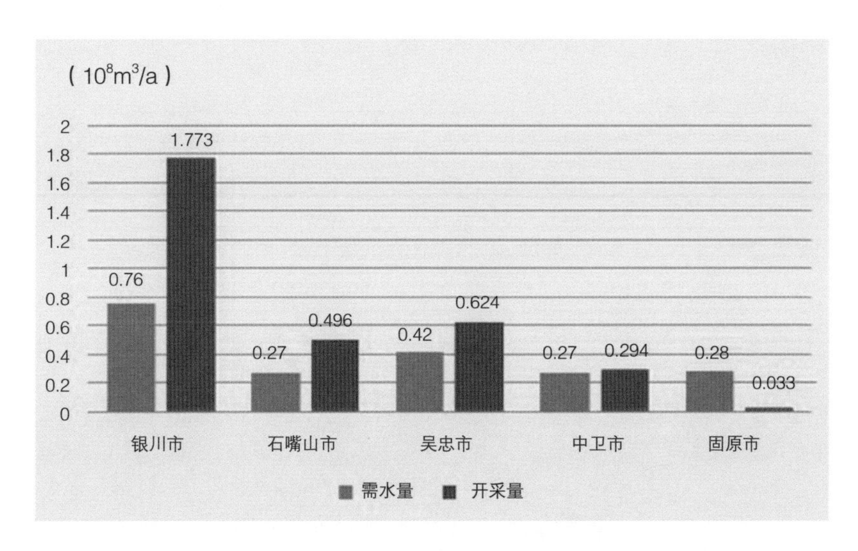

图3–1　宁夏各市2019年城镇生活、农村人畜缺水情况直方图

银川市城镇生活、农村人畜用地下水开采量为1.77×10^8 m^3/a，需水量为0.76×10^8 m^3/a，保证程度为233.09%，地下水开采量可以满足城镇生活、农村人畜需水量的要求并有剩余。

石嘴山市城镇生活、农村人畜用地下水开采量为0.50×10^8 m^3/a，需水量为0.28×10^8 m^3/a，保证程度为180.12%，地下水开采量可以满足城镇生活、农村人畜需水量的要求并有剩余。

吴忠市城镇生活、农村人畜用地下水开采量为0.62×10^8 m^3/a，需水量为0.42×10^8 m^3/a，保证程度为149.88%，地下水开采量可以满足城镇生活、农村人畜需水量的要求并有剩余。但盐池县、同心县地下水开采量保证程度分别为28.03% 和79.90%，显示地下水资源短缺，尤其是同心县为严重缺水地区，其他县（市）处于引黄灌区，地下水资源丰富，为不缺水地区。

中卫市城镇生活、农村人畜用地下水开采量为0.29×10^8 m^3/a，需水量为0.27×10^8 m^3/a，保证程度为108.84%，地下水开采量可以满足城镇生活、农村人畜需水量的要求并有剩余。但海原县地下水开采量保证程度为53.93%，显示地下水资源短缺，其他县（市）处于引黄灌区，地下水资源丰富，为不缺水地区。

固原市城镇生活、农村人畜用地下水开采量为0.03×10^8 m^3/a，需水量为0.27×10^8 m^3/a，保证程度为12.11%，地下水开采量保证程度$<20\%$，显示固原市各市县均为缺水地区，只能用地表水作为供水水源。

从总体上看，银川平原各市县城镇生活、农村人畜用地下水保证程度218.16%，能满足银川平原各市县城镇生活、农村人畜用地下水。为统筹利用水资源量，建议银川平原城镇生活、农村人畜用地下水，工业、农业用银川都市圈城乡西线黄河供水。南部地区各市县城镇生活、农村人畜用地下水保证程度64.95%，地下水无法满足各市县城镇生活、农村人畜用水，为缺水地区，尤其是固原市各县，故南部地区农业、工业、城镇生活、农村人畜用水主要为水库、固原扬水工程、红寺堡扬水工程等地表水供水。

第 4 章　地下水资源分区及概述

4.1　水文地质分区原则及概述

4.1.1　分区原则

根据地貌、地质构造，结合区域水文地质条件和储水构造边界，充分考虑其地下水循环条件，将宁夏划分为水文地质区、亚区、地段三级。以控制区内水文地质条件的一级地貌单元及地质因素划分为水文地质区；根据次一级地貌单元与地下水类型以及含水层空间结构变化，并具有统一的水文地质结构，相对完整独立的地下水循环条件，划分为水文地质亚区；按照地下水径流、补给条件、含水岩组、地下水类型结合亚区水文地质研究程度划分水文地质地段。

4.1.2　分区概述

根据上述分区原则，将宁夏划分为贺兰山（Ⅰ）、银川平原（Ⅱ）、陶灵盐台地（Ⅲ）、宁中山地与山间平原（Ⅳ）、腾格里沙漠（Ⅴ）、宁南黄土丘陵与河谷平原（Ⅵ）、宁南山地（Ⅶ）七个水文地质区。现将各水文地质区水文地质特征简述如下。

（1）贺兰山水文地质区（Ⅰ）

贺兰山处于银川平原西侧，北起乌兰布和沙漠，南至三关口，为一近南北走向的狭长山体，海拔1250~3556 m，面积2540.297 km^2。山体主要由中上元古界变质岩、古生界碳酸盐岩、碎屑岩和中生界碎屑岩组成，富水不均，大气降水是基岩裂隙水唯一的补给来源，基岩裂隙水多以下降泉的形式出露。地下水类型主要为块状岩类裂隙水、层状岩类裂隙水和碳酸盐岩类裂隙水。

（2）银川平原水文地质区（Ⅱ）

银川平原南起青铜峡，北到石嘴山，西依贺兰山，东傍鄂尔多斯台地，是在新华夏系与祁吕脊柱构造复合作用下于新生代形成的断陷盆地，新生界厚度达7000 m，第四系最厚达1600 m，为第四系孔隙水提供了良好的赋存空间。平原区海拔1100~1250 m，面积7036.283 km^2。

（3）陶灵盐台地水文地质区（Ⅲ）

位于宁夏东部，系鄂尔多斯台地一隅。北邻毛乌素沙漠，南接黄土丘陵，西濒临银川平原。台地海拔1200~1600 m，高出银川平原100~200 m，向西和缓倾斜。其西部为浅缓台地，东部则为波状平原。台地上固定、半固定沙丘多集中成沙带。

（4）宁中山地及山间平原区（Ⅳ）

位于宁夏中部，包括卫宁北山、香山、烟筒山、大小罗山、青龙山等，面积10026.085 km^2，海拔1250~2630 m。各山间平原之间，水文地质条件有很大差异，且在地域上不连续。

（5）腾格里沙漠区（Ⅴ）

位于中卫西北腾格里沙漠边缘地带，沙丘多为活动性、呈沙岗状，其间有零星小洼地。海拔1320~1600 m，面积806.295 km^2。沙漠下伏为下更新统、新近系、古近系和泥盆系上统地层。上部风成沙多为透水不含水层，只有在洼地中才可含水，且多和下伏地层中的潜水连成一体。主要受降水凝结水的补给，水量、水质因地而异。下伏泥盆系上统，岩性为长石石英砂岩、石英砂岩夹薄层泥灰岩，厚55~765 m，为碎屑岩类孔隙裂隙水。

（6）宁南黄土丘陵与河谷平原区（Ⅵ）

黄土丘陵与河谷相间地形广布于宁夏南部，为我国西北黄土高原的一部分。按水系分属于清水河流域及葫芦河、泾河、祖历河流域的部分地区。海拔高程1300~2400 m，面积18796.595 km^2。该区大部分为干旱、半干旱区，少雨多风，蒸发强烈，沟壑纵横，水土流失严重。由于苦咸水广泛分布，造成了黄土丘陵地区大面积缺水。但分布在此区内的河谷平原及洼地中有相对较丰富的第四系孔隙水。

（7）宁南山地区（Ⅶ）

由六盘山、月亮山、南华山、西华山等组成一走向西北—南东向的弧形山地，屹立于宁南黄丘陵之间。海拔2000~3000 m，面积3586.257 km^2。这些山地及其间的山间盆地蕴藏有丰富的基岩裂隙水。由于该区是宁夏降水量最多的地区，地下水补给来源较充沛，受大气降水的垂直补给形成风化基岩裂隙水。

4.2 黄河流域分区原则及概述

4.2.1 分区原则

根据《全国地下水资源评价技术要求（征求意见稿）》地下水资源区划分原则，结合宁夏地貌单元与水文地质分区，按照黄河流域五级区的划分，细化流域六级区。

4.2.2 分区概述

根据上述分区原则，将宁夏按流域划分为祖厉河、宁南黄土丘陵及河谷平原、宁中山地及山间平原、贺兰山、银川平原、都思兔河—苦水河、盐池、葫芦河（陇水）、马连河西川上段、茹河、泾河上游、汭河十二个五级区，二十三个六级区（见表4-1）。黄河流域分区划分主要依据水文地质分区，其特征概述参照前述水文地质分区二十二个亚区、五十一个地段的概述。

表 4-1　黄河流域（宁夏段）地下水资源分区表

一级分区	二级分区	三级分区	四级分区	五级分区	五级区编号	六级区名称	六级区编号
黄河区	兰州—河口镇区 GD-2	兰州至河口镇区	兰州至下河沿	祖厉河	GD-2-1-1-3	祖厉河	GD-2-1-1-3-1
			下河沿至石嘴山	宁南黄土丘陵及河谷平原	GD-2-1-2-1	海原残塬状黄土丘陵	GD-2-1-2-1-1
						清水河河谷平原	GD-2-1-2-1-2
						清水河东梁峁状黄土丘陵	GD-2-1-2-1-3
				宁中山地及山间平原	GD-2-1-2-2	香山东段	GD-2-1-2-2-1
						香山西段	GD-2-1-2-2-1
						卫宁平原	GD-2-1-2-2-3
						牛首山—龙头山基岩山区	GD-2-1-2-2-2
						卫宁北山	GD-2-1-2-2-4
				贺兰山	GD-2-1-2-3	贺兰山	GD-2-1-2-3-1
				银川平原	GD-2-1-2-4	河西平原	GD-2-1-2-4-1
						河东平原	GD-2-1-2-4-2
						花布山台地	GD-2-1-2-4-3

续表

一级分区	二级分区	三级分区	四级分区	五级分区	五级区编号	六级区名称	六级区编号
黄河区	兰州—河口镇区GD-2	兰州至河口镇区	下河沿至石嘴山	银川平原	GD-2-1-2-4	石嘴山台地	GD-2-1-2-4-4
				都思兔河—苦水河	GD-2-1-2-5	苦水河	GD-2-1-2-5-3
						陶灵盐台地	GD-2-1-2-5-2
						都思兔河	GD-2-1-2-5-1
		闭流区	盐池	盐池	GD-2-2-3-1	盐池	GD-2-2-3-1-1
	中游区GD-3	龙门至三门峡区	渭河流域上游	葫芦河（陇水）	GD-3-3-1-4	葫芦河（陇水）	GD-3-3-1-4-1
			泾河	马连河西川上段	GD-3-3-2-1	马连河西川上段	GD-3-3-2-1-1
				茹河	GD-3-3-2-4	茹河	GD-3-3-2-4-1
				泾河上游	GD-3-3-2-6	泾河上游	GD-3-3-2-6-1
				汭河	GD-3-3-2-8	汭河	GD-3-3-2-8-1

第5章　地下水资源数量评价

地下水资源包括地下水天然资源、开采资源和储变资源三部分，地下水天然资源是指地下水系统中参与现代水循环和水交替，可以恢复、更新的重力地下水。地下水开采资源量是指在一定技术、经济条件下，开采过程中不会诱发严重的环境问题，可以持续开采利用的地下水。

5.1　地下水资源计算分区及原则

5.1.1　计算分区

黄河流域分区为祖厉河、宁南黄土丘陵及河谷平原、宁中山地及山间平原、贺兰山、银川平原、都思兔河、苦水河、盐池、葫芦河（陇水）、马连河西川上段、茹河、泾河上游、汭河十二个五级区，二十三个六级区。为方便分区计算，将黄河流域（宁夏段）六级分区进一步划分为七级分区，宁夏地下水资源计算是以88个七级分区为计算区（见表5-1）。

表 5-1　地下水资源计算分区表

六级区名称	六级区编号	七级区名称	七级区编号	面积（km^2）
汭河	GD-3-3-2-8-1	大小关山和开城南	GD-3-3-2-8-1-1	168.42
泾河上游	GD-3-3-2-6-1	草庙—孟塬南段	GD-3-3-2-6-1-1	167.67
		南北古脊梁南段	GD-3-3-2-6-1-2	45.52
		官厅—古城南段	GD-3-3-2-6-1-3	86.75
		大小关山和开城中部	GD-3-3-2-6-1-4	964.19
葫芦河（陇水）	GD-3-3-1-4-1	六盘山西麓南	GD-3-3-1-4-1-1	419.49
		大小关山和开城西	GD-3-3-1-4-1-2	228.43
		葫芦河东部梁峁状黄土丘陵	GD-3-3-1-4-1-3	1187.64
		葫芦河平原	GD-3-3-1-4-1-4	401.32
		月亮山西	GD-3-3-1-4-1-5	112.45
		葫芦河西部梁峁状黄土丘陵南	GD-3-3-1-4-1-6	1115.95
茹河	GD-3-3-2-4-1	草庙—孟塬北段	GD-3-3-2-4-1-1	1235.76
		南北古脊梁中段	GD-3-3-2-4-1-2	616.09
		官厅—古城北段	GD-3-3-2-4-1-3	573.30
		大小关山和开城北东	GD-3-3-2-4-1-4	359.48
祖厉河	GD-2-1-1-3-1	葫芦河西部梁峁状黄土丘陵中	GD-2-1-1-3-1-1	406.06

续表

六级区名称	六级区编号	七级区名称	七级区编号	面积（km^2）
海原残塬状黄土丘陵	GD-2-1-2-1-1	六盘山西麓北	GD-2-1-2-1-1-1	203.22
		大小关山和开城北	GD-2-1-2-1-1-2	278.03
		月亮山东	GD-2-1-2-1-1-3	689.01
		马东山	GD-2-1-2-1-1-4	384.01
		蒿川—关桥—贾埫梁峁状黄土丘陵	GD-2-1-2-1-1-5	1982.97
		南华山	GD-2-1-2-1-1-6	218.84
		南西华山北麓山前沉降带	GD-2-1-2-1-1-7	859.40
		兴隆—罗山红层丘陵	GD-2-1-2-1-1-8	643.89
		兴仁洼地	GD-2-1-2-1-1-9	443.97
		树台洼地	GD-2-1-2-1-1-10	583.89
		西华山西段	GD-2-1-2-1-1-11	50.49
		西华山	GD-2-1-2-1-1-12	132.90
		西安州洼地	GD-2-1-2-1-1-13	95.26
		葫芦河西部梁峁状黄土丘陵北	GD-2-1-2-1-1-14	79.76
		南华山北麓古洪积扇	GD-2-1-2-1-1-15	257.93
清水河河谷平原	GD-2-1-2-1-2	固原北川	GD-2-1-2-1-2-1	418.20
		石碑湾黄土残塬	GD-2-1-2-1-2-2	67.15
		马家河湾—李旺堡	GD-2-1-2-1-2-3	923.45
马连河西川上段	GD-3-3-2-1-1	麻黄山黄土丘陵东	GD-3-3-2-1-1-1	856.00

续表

六级区名称	六级区编号	七级区名称	七级区编号	面积（km^2）
清水河东梁峁状黄土丘陵	GD-2-1-2-1-3	南北古脊梁北段	GD-2-1-2-1-3-1	586.67
		予旺洼地	GD-2-1-2-1-3-2	267.72
		窑山—张家塬—炭山	GD-2-1-2-1-3-3	3770.15
香山东段	GD-2-1-2-2-1	香山东段	GD-2-1-2-2-1-1	287.81
		南山台子东段	GD-2-1-2-2-1-2	480.7
		喊叫水	GD-2-1-2-2-1-3	686.92
香山西段	GD-2-1-2-2-1	香山	GD-2-1-2-2-1-1	2215.35
		南山台子西段	GD-2-1-2-2-1-2	320.69
卫宁平原	GD-2-1-2-2-3	卫宁平原	GD-2-1-2-2-3-1	1104.9
牛首山—龙头山基岩山区	GD-2-1-2-2-2	牛首山	GD-2-1-2-2-2-1	249.81
		滚泉	GD-2-1-2-2-2-2	704.14
		红寺堡南段	GD-2-1-2-2-2-3	323.43
		罗山西麓	GD-2-1-2-2-2-4	19.14
		烟筒山	GD-2-1-2-2-2-5	424.23
苦水河	GD-2-1-2-5-3	灵武东山南段	GD-2-1-2-5-3-1	206.3
		灵武东山—石沟驿南段	GD-2-1-2-5-3-2	1179.53
		马家滩—大水坑南段	GD-2-1-2-5-3-3	909.57
		麻黄山黄土丘陵西北	GD-2-1-2-5-3-4	31.38
		麻黄山黄土丘陵西	GD-2-1-2-5-3-5	401.56
		滚泉	GD-2-1-2-5-3-6	449.45
		红寺堡北段	GD-2-1-2-5-3-7	217.11
		罗山	GD-2-1-2-5-3-8	133.5
		青龙山	GD-2-1-2-5-3-9	90.57
		韦州—下马关	GD-2-1-2-5-3-10	1112.01

续表

六级区名称	六级区编号	七级区名称	七级区编号	面积（km^2）
卫宁北山	GD-2-1-2-2-4	照壁山	GD-2-1-2-2-4-1	746.02
		山前丘陵	GD-2-1-2-2-4-2	383.05
		腾格里沙漠	GD-2-1-2-2-4-3	287.2
花布山台地	GD-2-1-2-4-3	华布山台地	GD-2-1-2-4-3-1	643.89
陶灵盐台地	GD-2-1-2-5-2	陶乐高阶地南	GD-2-1-2-5-2-1	137.03
		灵武东山北段	GD-2-1-2-5-2-2	665.64
		古西天河西段	GD-2-1-2-5-2-3	1501.22
		灵武东山—石沟驿北段	GD-2-1-2-5-2-4	561.22
		王乐井黄土梁	GD-2-1-2-5-2-5	371.89
		马家滩—大水坑东段	GD-2-1-2-5-2-6	1846.01
		麻黄山黄土丘陵东北	GD-2-1-2-5-2-7	68.48
盐池	GD-2-2-3-1-1	古西天河东段	GD-2-2-3-1-1-1	135.71
		马家滩—大水坑西段	GD-2-2-3-1-1-2	173.48
		盐池	GD-2-2-3-1-1-4	1208.1
河东平原	GD-2-1-2-4-2	吴灵冲湖积平原	GD-2-1-2-4-2-1	500.98
		苦水河三角洲	GD-2-1-2-4-2-2	286.01
		陶乐冲湖积	GD-2-1-2-4-2-3	388.2

续表

六级区名称	六级区编号	七级区名称	七级区编号	面积（km^2）
河西平原	GD-2-1-2-4-1	山前洪积倾斜平原	GD-2-1-2-4-1-1	618.08
		冲洪积平原	GD-2-1-2-4-1-2	1241.38
		冲湖积平原	GD-2-1-2-4-1-3	3276.83
		青铜峡冲积扇	GD-2-1-2-4-1-4	525.6
贺兰山	GD-2-1-2-3-1	北部中低山	GD-2-1-2-3-1-1	664.47
		中部中高山	GD-2-1-2-3-1-2	931.21
		南部中低山	GD-2-1-2-3-1-3	300.73
石嘴山台地	GD-2-1-2-4-4	石嘴山盆地	GD-2-1-2-4-4-1	126.71
		煤山隆起区	GD-2-1-2-4-4-2	72.48
都思兔河	GD-2-1-2-5-1	陶乐高阶地北	GD-2-1-2-5-1-1	286.27
黄河外流域	香山内流区			77.24
	腾格里沙漠内流区			519.04

5.1.2　计算原则

（1）在地下水资源量计算时，按溶解性总固体含量小于1 g/L、1~2 g/L、2~3 g/L、3~5 g/L 和大于5 g/L 分别计算。

（2）在第四系分布广泛地区（银川平原、卫宁平原）进行分层、分质计算。

（3）以行政区划为单元，分别计算宁夏各市县地下水天然资源量与开采资源量。

（4）为不改变承压水水力性质，水位最大允许降深值，不超过第Ⅱ含水岩组隔水顶板埋深。

（5）地下水资源计算分区以七级计算分区为计算单元。

5.2 地下水天然资源量计算

5.2.1 计算方法及计算公式

根据地区水文地质特征、平原区、丘陵区和山区的差异，对各区采用不同的方法进行评价。

1. 地下水均衡法

银川平原、卫宁平原天然补给资源量采用水均衡法计算，均衡期1年，利用2019年资料分项计算各均衡要素。

水均衡方程式：

$$\frac{\mu \cdot \Delta h \cdot F}{\Delta t}=Q_{补}-Q_{排}$$

式中：

$\frac{\mu \cdot \Delta h \cdot F}{\Delta t}$——地下水多年平均储存量变化值，数值上等于$Q_{补}-Q_{排}$（$10^8\ m^3/a$）；

$Q_{补}$——地下水各项天然补给量之和（$10^8\ m^3/a$）；

$Q_{排}$——地下水各项排泄量之和（$10^8\ m^3/a$）。

$$Q_{补}=Q_{渠}+Q_{田}+Q_{降}+Q_{侧}+Q_{洪}$$

式中：

$Q_{渠}$——渠系渗漏补给量（$10^8\ m^3/a$）；

$Q_{田}$——田间灌溉渗漏补给量（10^8 m^3/a）；

$Q_{降}$——大气降水渗入补给量（10^8 m^3/a）；

$Q_{侧}$——地下水侧向补给量（10^8 m^3/a）；

$Q_{洪}$——洪水散失入渗补给量（10^8 m^3/a）。

$$Q_{排}=Q_{侧排}+Q_{蒸}+Q_{沟}+Q_{开}+Q_{越}$$

式中：

$Q_{侧排}$——侧向排泄量（10^8 m^3/a）；

$Q_{蒸}$——地下水蒸发量（10^8 m^3/a）；

$Q_{沟}$——排水沟排泄地下水量（10^8 m^3/a）；

$Q_{开}$——地下水开采量（10^8 m^3/a）；

$Q_{越}$——地下水越流量（10^8 m^3/a）。

（1）地下水补给项计算

①渠系渗漏补给

渠系水位一般高于地下水位，因此渠系水一般为补给地下水，渠系水渗入补给地下水的量称之为渠系渗漏补给量。本次只计算干渠渗漏补给量，为避免重复量，不计算支、斗、农渠渗漏补给量。

干渠渗漏补给量采用下式计算：

$$Q_{渠渗}=\alpha \cdot Q_{引}$$

式中：

$Q_{渠渗}$——干渠渗漏补给量（10^8 m^3/a）；

$Q_{引}$——干渠引水量（10^8 m^3/a）；

α——渗漏系数。

渗漏系数可根据渠系有效利用系数进行计算：

$$\alpha=\gamma(1-\eta)$$

式中：

η——渠系有效利用系数；

γ——修正系数。

②田间灌溉渗漏补给

田间灌溉渗漏补给量是指渠系水进入田间后，渗漏补给地下水的量。本次计算时采用2019年灌区实际灌溉面积及亩均实际灌水量进行计算，田间灌溉渗漏补给量采用下式计算。

$$Q_{田}=\beta \cdot Q_{田间}$$

式中：

$Q_{田}$——田间灌溉渗入补给量（10^8 m^3/a）；

β——灌溉渗入补给系数；

$Q_{田间}$——亩均灌溉水量（m^3/a）。

③大气降水入渗补给

大气降水入渗补给量是指降水渗入到土壤中并在重力作用下渗透补给地下水的水量。降雨入渗区面积根据计算单元划分，年降水量收集大武口区、惠农区、平罗县、贺兰、银川、永宁、吴忠、青铜峡、灵武、陶乐、中宁、中卫气象站1951—2019年资料，大气降水入渗补给量计算公式如下。

$$Q_{降}=10^{-5}\cdot F\cdot A\cdot \alpha \cdot r$$

式中：

$Q_{降}$——降水入渗补给量（10^8 m^3/a）；

F——计算区面积（km^2）；

A——多年平均年降水量（mm）；

α——降水入渗系数；

r——有效降水系数。

④地下水侧向径流补给量

地下水侧向径流补给量是指发生在山丘区和平原区交界面上，山丘区地下水以地下潜流形式补给平原区浅层地下水的量。地下水的侧向径流补给量采用分段计算，渗透系数取各段钻孔资料计算参数，水力坡度根据两相邻等水位线或钻孔水位标高计算取值，含水层厚度采用各钻孔可见厚度。

计算公式：

$$Q_{侧补}=K \cdot H \cdot L \cdot I$$

式中：

$Q_{侧补}$——地下水的侧向径流补给量（10^8 m^3/a）；

K——渗透系数（m/d）；

H——含水层厚度（m）；

L——计算断面长度（m）；

I——水力坡度。

⑤洪水散失渗入补给

洪水散失补给主要为山前形成洪流对地下水的补给，计算公式：

$$Q_{洪补}=F \cdot M$$

式中：

$Q_{洪补}$——洪水散失渗入补给量（10^8 m^3/a）；

M——山洪径流模数（$L/s \cdot km^2$）；

$Q_{井}$——用于灌溉的地下水开采量（10^8 m^3/a）。

（2）地下水排泄项

①地下水侧向排泄

黄河流经宁夏平原，由于受引黄灌溉的渗入补给，潜水水位埋藏较浅，从地下水流场分析，除石嘴山盆地及中卫部分地区外，潜水流向黄河，黄河基本上是排泄地下水边界，侧向排泄量计算公式：

$$Q_{侧排}=K \cdot H \cdot L \cdot I$$

式中：

$Q_{侧排}$——地下水的侧向排泄量（$10^8\ m^3/a$）；

其他符号意义同前。

②地下水蒸发量

地下水蒸发量是指潜水在毛细管作用下，通过包气带岩土向上运动造成的蒸发量。宁夏平原地下水位埋藏较浅多在1~3 m，在干旱气候条件下潜水蒸发是地下水排泄的主要途径，潜水蒸发量按下列公式计算。

$$Q_{蒸}=10^{-5}F \cdot \varepsilon$$

$$\varepsilon=\varepsilon_0(1-\Delta/\Delta_O)^n$$

式中：

F——计算区面积（km^2）；

ε——潜水蒸发度（mm/a）；

ε_0——水面蒸发度（mm/a）；

Δ——计算区潜水水位平均埋藏深度（m）；

Δ_O——潜水不被蒸发的极限深度（m）；

n——与土质有关的系数。

潜水蒸发量根据不同水位埋深分级，按灌溉期和非灌溉期分别计算，灌溉期指5、6、7、8、9、11月，非灌溉期1、2、3、4、10、12月。潜水蒸发面积由资料获取，潜水极限蒸发深度及n值引自前人资料，极限蒸发深度为3 m，与土质有关系数为2。水面蒸发量取宁夏平原各气象局1951—2019多年平均值，水面蒸发量按换算系数换算成大面积水面蒸发量后使用。

③排水沟排泄地下水量

排水沟排泄地下水采用下式计算。

$$Q_{沟}=\delta \cdot Q$$

式中：

$Q_{沟}$——排水沟排泄地下水量（10^8 m^3/a）；

δ——排水沟排地下水系数；

Q——排水沟总排水量（10^8 m^3/a）。

④开采量

根据《宁夏回族自治区2019年水资源公报》资料，2019年银川市、石嘴山市、吴忠市、中卫市地下水总开采量为5.052×10^8 m^3，主要用于工业和居民生活，开采目的层大多为贺兰山前与平原区第Ⅰ、Ⅱ含水岩组，开采深度多大于100 m，农业灌溉机井多为开采浅层地下水，开采量为0.851×10^8 m^3。

2. 大气降水入渗法

贺兰山区的花布山台地亚区（GD-2-1-2-4-3-1）、苦水河流域的灵武东山—石沟驿南段（GD-2-1-2-5-3-2）、陶灵盐台地的灵武东山—石沟驿北段（GD-2-1-2-5-2-4）、苦水河流域的灵武东山南段（GD–2–1–2–5–3–1）、陶灵盐台地的灵武东山北段（GD–2–1–2–5–2–2）、都思兔河流域的陶乐高级阶地北段（GD–2–1–2–5–1–1）、陶乐台地陶乐高级阶地南段（GD–2–1–2–5–2–1）、陶灵盐台地马家滩—大水沟东段（GD–2–1–2–5–2–6）、盐池的马家滩—大水沟西段（GD–2–2–3–1–1–2）、苦水河流域的马家滩—大水沟南段（GD–2–1–2–5–3–3）、卫宁北山的山前丘陵地段（GD–2–1–2–2–4–2）、牛首山—青龙山区的滚泉段（GD–2–1–2–2–2–2）、苦水河流域的滚泉段（GD–2–1–2–5–3–6）、苦水河流域的韦州—下马关段（GD–2–1–2–5–3–10）、清水河平原的石碑湾黄土残塬地段（GD–2–1–2–1–2–2）、海原残塬状黄土丘陵区的兴隆——罗川红层丘陵地段（GD–2–1–2–1–1–8）、茹河流域的官厅—古城北段（GD–3–3–2–4–1–3）、泾河上游的官厅—古城南段（GD–3–3–2–6–1–3）均采用大气降水入渗法计算其天然资源补给量，计算公式：

$$Q_{降}=10^{-5} \cdot F \cdot A \cdot \alpha \cdot r$$

式中：

$Q_{降}$——降水入渗补给量（10^8 m^3/a）；

其他符号意义同前。

3. 地下水径流模数法

贺兰山区的北部中低山（GD–2–1–2–3–1–1）、中部的中高山（GD–2–1–2–3–1–2）、南部的中低山（GD–2–1–2–3–1–3），陶灵盐台地的王乐井黄土梁（GD–2–1–2–5–2–5），卫宁北山地的照壁山（GD–2–1–2–2–4–1），牛首山—青龙山的牛首山（GD–2–1–2–2–2–1）、烟筒山（GD–2–1–2–2–2–5）、罗山西麓（GD–2–1–2–2–2–4）、青龙山地段（GD–2–1–2–5–3–9），苦水河流域的罗山（GD–2–1–2–5–3–8），香山东段（GD–2–1–2–2–1–1）、香山西段（GD–2–1–2–2–1–1）、香山内流区葫芦河流域的六盘山西麓（GD–3–3–1–4–1–1）、葫芦河东部梁峁状丘陵（GD–3–3–1–4–1–3）、葫芦河平原（GD–3–3–1–4–1–4）、葫芦河西部梁峁状丘陵南段（GD–3–3–1–4–1–6），祖厉河流域的黄土丘陵中段（GD–2–1–1–3–1–1），海源残塬状黄土丘陵区的六盘山西麓北段（GD–2–1–2–1–1–1）、蒿川—关桥—贾埫梁峁状黄土丘陵地段（GD–2–1–2–1–1–5）、兴隆—罗川红层丘陵地段（GD–2–1–2–1–1–8）、树台洼地（GD–2–1–2–1–1–10）、兴仁洼地地段（GD–2–1–2–1–1–9）、黄土丘陵北段（GD–2–1–2–1–1–14），清水河东塬梁峁状黄土丘陵亚区的窑山—张家塬—炭山地段（GD–2–1–2–1–3–3）、予旺洼地地段（GD–2–1–2–1–3–2），苦水河流域的麻黄山黄土丘陵西北（GD–2–1–2–5–3–4），汭河流域的大小关山和开城南段（GD–3–3–2–8–1–1）、泾河上游的大小关山和开城中段（GD–3–3–2–6–1–4）、葫芦河流域的大小关山和开城西段（GD–3–3–1–4–1–2）、茹河流域的大小关山和开城东段（GD–3–3–2–4–1–4）、海源残塬状黄土丘陵区的大小关山和开城北段（GD–2–1–2–1–1–2）、马东山（GD–2–1–2–1–1–4），海源残塬状黄土丘陵区的月亮山东麓（GD–2–1–2–1–1–3）、葫芦河流域的月亮山西麓（GD–3–3–1–4–1–5），海源残塬状黄土丘陵区南华山（GD–2–1–2–1–1–6）、西华山（GD–2–1–2–1–1–12）、西华山西段（GD–2–1–2–1–1–11）均采用地下水径流模数法计算其天然补给资源量。计算公式如下：

$$Q_{径}=3.1536\times10^{-4}\cdot M\cdot F$$

式中：

$Q_{径}$——地下水天然补给资源（10^8 m^3/a）；

M——径流模数（$L/s \cdot km^2$）；

F——计算区面积（km^2）。

4. 补给量相加法

（1）大气降水入渗法与田间灌溉入渗法

以多年平均降水入渗补给量与田间灌溉入渗补给量之和作为天然补给资源量。

盐池地段（GD–2–2–3–1–1–4），牛首山—青龙山基岩山区红寺堡南段（GD–2–1–2–2–2–3），苦水河流域红寺堡北段（GD–2–1–2–5–3–7），香山地区的南山台子东段（GD–2–1–2–2–1–2）、南山台子西段（GD–2–1–2–2–1–2）、喊叫水地段（GD–2–1–2–2–1–3）、清水河河谷平原的马家河湾—李旺堡地段（GD–2–1–2–1–2–3）、固原北川地段（GD–2–1–2–1–2–1），天然补给资源均以多年平均降水入渗补给量与田间灌溉入渗补给量之和作为其天然补给资源量。计算公式：

$$Q_{补}=Q_{降}+Q_{田}$$

$$Q_{降}=10–5 \cdot F \cdot A \cdot \alpha \cdot r$$

$$Q_{田}=\beta \cdot Q_{田间}$$

式中：

$Q_{补}$——天然补给资源量（10^8 m^3/a）；

$Q_{降}$——降水入渗补给量（10^8 m^3/a）；

$Q_{田}$——田间灌溉渗入补给量（10^8 m^3/a）；

其他符号意义同前。

（2）大气降水入渗法和径流模数法

海原残塬状黄土丘陵亚区的南华山北麓古洪积扇地段（GD–2–1–2–1–1–15）、西安洲洼地地段（GD–2–1–2–1–1–13）、南西华山东北麓山前沉降带地段（GD–2–1–2–1–1–7），茹河流域的草庙—孟塬北段（GD–3–3–2–4–1–1）、南北古脊梁中段（GD–3–3–2–4–1–2），泾河流域草庙—孟塬南段（GD–3–3–2–6–1–1）、南北古脊梁南段（GD–3–3–2–6–1–2），清水河东塬梁峁状黄土丘陵区的南北古脊梁北段（GD–2–1–2–1–3–1）采用多年平均降水入渗补给量与径流补给量之和作为其天然补给资源量。计算公式：

$$Q_{补}=Q_{降}+Q_{径}$$

$$Q_{降}=10^{-5}\cdot F\cdot A\cdot \alpha\cdot r$$

$$Q_{径}=3.1536\times 10^{-4}\cdot M\cdot F$$

式中：

$Q_{补}$——天然补给资源（$10^8\ m^3/a$）；

$Q_{降}$——降水入渗补给量（$10^8\ m^3/a$）；

$Q_{径}$——地下水天然补给资源（$10^8\ m^3/a$）；

其他符号意义同前。

5. 沙漠凝结水补给法

腾格里沙漠（GD–2–1–2–2–4–3）采用沙漠凝结水补给法计算其天然补给量，补给模数引自《银川平原农业生产基地地下水资源及环境地质综合勘查报告》。计算公式：

$$Q_{沙}=F\cdot M$$

式中：

$Q_{沙}$——沙漠凝结水补给量（$10^8\ m^3/a$）；

F——沙漠区面积（km^2）；

M——沙漠凝结水补给模数（$10^8\ m^3/a\cdot km^2$）。

5.2.2 参数选取

水文参数与水文地质参数是计算评价地下水资源的重要数据，也是影响评价结果的主要因素，本次地下水资源计算，水文参数主要是收集有关部门的相关数据，水文地质参数充分利用前人成果资料，对近年来各类项目中通过试验获取的参数进行整理，通过分析对比，最终根据水文地质条件而定。

（1）有效降水系数（γ）

有效降水系数是有效降水量与年总降水量之比。由于有效降水量与降水量大小、历时长短、含水层及地表岩性、地下水埋藏条件等因素密切相关。本次采用《宁夏地下水资源》及《银川平原农业生产基地地下水资源评价及环境地质综合勘查评价报告》中有效降水量的确定方法，即在平原区以大于10 mm 的降水量作为有效降水量，在丘陵山区（包括黄土丘陵区）以全年总降水量的70% 作为有效降水量。

（2）降水入渗补给系数（α）

降水入渗系数与年降水量大小及年内变化特点、地下水埋藏深度变化、包气带岩性等因素有关，是多年平均降水入渗补给地下水量与多年平均降水量之比值。本次根据地层岩性、地下水位等，降水入渗补给系数取自2003年由宁夏人民出版社出版的《宁夏地下水资源》及《银川平原农业生产基地地下水资源评价及环境地质综合勘查评价报告》中的试验数据。

（3）灌溉入渗系数（β）

灌溉入渗系数与地下水含水层岩性、水位埋深及田间灌溉定额等因素有关。在《宁夏回族自治区水资源调查评价》中，有不同土质、不同地下水埋深、不同灌溉定额时的灌溉入渗系数取值表，本次在该参数表中查取近期地下水位埋深、灌溉定额条件下的灌溉入渗系数值（同时参考了《宁夏地下水资源》及《银川平原农业生产基地地下水资源评价及环境地质综合勘查评价报告》中的灌溉入渗系数值）。

（4）径流模数（M）

部分地下水径流模数由近年来项目中各水系常流水沟道实测流量与流域面积计算得到，部分引用《宁夏地下水资源》中的数据。

5.2.3　计算结果

经计算宁夏地下水天然补给资源量为23.63×10^8 m^3/a，计算结果见表5–2。其中溶解性总固体小于1 g/L 的资源量12.91×10^8 m^3/a，占补给资源量的55%，1~2 g/L 的资源量5.58×10^8 m^3/a，占补给资源量的23%，2~3 g/L 的资源量2.10×10^8 m^3/a，占补给资源量的9%，3~5 g/L 的资源量2.11×10^8 m^3/a，占补给资源量的9%，大于5 g/L 的资源量0.93×10^8 m^3/a，占补给资源量的4%。

从表5-2可看出，本次计算结果与第二轮（2002年）地下水天然资源计算结果相比较有减少，计算结果分析如下：

（1）第二轮地下水资源计算的天然补给资源量为$30.5270 \times 10^8 m^3/a$，本次地下水资源计算的天然补给资源量比第二轮资源计算少$6.8939 \times 10^8 m^3/a$（表5-3），减少量主要集中在银川平原区。分析其原因主要有两点：一是随着20年来银川平原水文地质研究程度的提高，参考资料更为丰富，计算参数和方法随之更新，天然补给资源量的计算结果变化也是必然的。二是通过对35年来银川平原地下水补给资源量及排泄资源量数据进行整理分析，补给资源量由以渠系渗漏为主，逐渐过渡为以灌溉回渗和渠系渗漏为主，渠系砌护率50%~90%。地下水排泄量也相应减少，且排泄方式由以蒸发为主，逐渐过渡为排水沟排泄、人工开采和潜水蒸发共同控制。

（2）宁夏2019年水资源公报公布宁夏地下水资源量为$18.358 \times 10^8 m^3/a$，本次计算矿化度<2 g/L的地下水天然补给资源量为$16.72 \times 10^8 m^3/a$；相比，本次计算结果比其多$1.638 \times 10^8 m^3/a$，究其原因主要是宁夏水文水资源勘测局计算选取的参数大小不同。

表 5-2　黄河流域七级分区地下水天然补给资源量计算结果表

单位：km^2、$10^8 m^3/a$、g/L

七级区名称	七级区编号	面积（km^2）	补给量	TDS<1		1<TDS<2		2<TDS<3		3<TDS<5		TDS>5	
				面积	补给量	面积	补给量	面积	补给量	面积	补给量	面积	补给量
大小关山和开城南	GD-3-3-2-8-1-1	168.42	0.16	77.86	0.08	76.61	0.08	7.33	0.01	6.61	0.01		0.00
草庙一孟塬南段	GD-3-3-2-6-1-1	167.67	0.00	98.67	0.00	68.99	0.00		0.00		0.00		0.00
南北古脊梁南段	GD-3-3-2-6-1-2	45.52	0.01	43.30	0.00	2.22	0.00		0.00		0.00		0.00
官厅一古城南段	GD-3-3-2-6-1-3	86.75	0.01	14.27	0.00	72.48	0.01		0.00		0.00		0.00
大小关山和开城中部	GD-3-3-2-6-1-4	964.19	0.94	314.70	0.31	250.57	0.25	42.29	0.04	356.64	0.35		0.00
六盘山西麓南	GD-3-3-1-4-1-1	419.49	0.09		0.00		0.00	31.12	0.01	229.53	0.05	158.84	0.03
大小关山和开城西	GD-3-3-1-4-1-2	228.43	0.22	228.43	0.22		0.00		0.00		0.00		0.00

续表

七级区名称	七级区编号	面积（km^2）	补给量	TDS<1		1<TDS<2		2<TDS<3		3<TDS<5		TDS>5	
				面积	补给量	面积	补给量	面积	补给量	面积	补给量	面积	补给量
葫芦河东部梁峁状黄土丘陵	GD-3-3-1-4-1-3	1187.64	0.19		0.00		0.00	138.84	0.02	517.38	0.08	531.43	0.09
葫芦河平原	GD-3-3-1-4-1-4	401.32	0.11	401.32	0.11		0.00		0.00		0.00		0.00
月亮山西	GD-3-3-1-4-1-5	112.45	0.01	101.68	0.01	3.00	0.00	7.78	0.00		0.00		0.00
葫芦河西部梁峁状黄土丘陵南	GD-3-3-1-4-1-6	1115.95	0.08		0.00		0.00	58.64	0.00	389.69	0.03	667.62	0.05
草庙—孟塬北段	GD-3-3-2-4-1-1	1235.76	0.02	261.77	0.00	973.99	0.01		0.00		0.00		0.00
南北古脊梁中段	GD-3-3-2-4-1-2	616.09	0.07	148.29	0.02	460.17	0.05	2.91	0.00	4.72	0.00		0.00
官厅—古城北段	GD-3-3-2-4-1-3	573.30	0.06	53.36	0.01	334.42	0.04	71.05	0.01	114.47	0.01		0.00

续表

七级区名称	七级区编号	面积（km^2）	补给量	TDS<1		1<TDS<2		2<TDS<3		3<TDS<5		TDS>5	
				面积	补给量	面积	补给量	面积	补给量	面积	补给量	面积	补给量
大小关山和开城北东	GD-3-3-2-4-1-4	359.48	0.35	301.75	0.30	42.53	0.04		0.00	15.20	0.01		0.00
葫芦河西部梁峁状黄土丘陵中	GD-2-1-1-3-1-1	406.06	0.03		0.00		0.00	20.00	0.00	82.89	0.01	303.16	0.02
六盘山西麓北	GD-2-1-2-1-1-1	203.22	0.04		0.00		0.00	34.00	0.01	169.22	0.04		0.00
大小关山和开城北	GD-2-1-2-1-1-2	278.03	0.27	196.55	0.19	81.48	0.08		0.00		0.00		0.00
月亮山东	GD-2-1-2-1-1-3	689.01	0.07	198.74	0.02	184.75	0.02	305.53	0.03		0.00		0.00
马东山	GD-2-1-2-1-1-4	384.01	0.04	168.46	0.02	5.24	0.00		0.00	210.31	0.02		0.00
蒿川—关桥—贾瑞梁峁状黄土丘陵	GD-2-1-2-1-1-5	1982.97	0.03		0.00		0.00	32.25	0.00	704.52	0.01	1246.21	0.02

续表

七级区名称	七级区编号	面积（km²）	补给量	TDS<1		1<TDS<2		2<TDS<3		3<TDS<5		TDS>5	
				面积	补给量	面积	补给量	面积	补给量	面积	补给量	面积	补给量
南华山	GD-2-1-2-1-1-6	218.84	0.10		0.00		0.00	17.06	0.01	201.78	0.09		0.00
南西华山北麓山前沉降带	GD-2-1-2-1-1-7	859.40	0.02	36.12	0.00	92.19	0.00	54.52	0.00	371.38	0.01	305.19	0.01
兴隆—罗山红层丘陵	GD-2-1-2-1-1-8	643.89	0.02		0.00		0.00		0.00	62.48	0.00	581.42	0.02
兴仁洼地	GD-2-1-2-1-1-9	443.97	0.03		0.00		0.00	138.39	0.01	305.58	0.02		0.00
树台洼地	GD-2-1-2-1-1-10	583.89	0.04		0.00		0.00	88.62	0.01	403.07	0.03	92.20	0.01
西华山西段	GD-2-1-2-1-1-11	50.49	0.01		0.00		0.00	39.64	0.01	8.60	0.00	2.25	0.00
西华山	GD-2-1-2-1-1-12	132.90	0.03		0.00		0.00	119.44	0.03	13.46	0.00		0.00

续表

七级区名称	七级区编号	面积（km^2）	补给量	TDS<1		1<TDS<2		2<TDS<3		3<TDS<5		TDS>5	
				面积	补给量	面积	补给量	面积	补给量	面积	补给量	面积	补给量
西安州洼地	GD–2–1–2–1–1–13	95.26	0.01	59.36	0.01	19.61	0.00	16.29	0.00	0.00	0.00		0.00
葫芦河西部梁峁状黄土丘陵北	GD–2–1–2–1–1–14	79.76	0.01		0.00		0.00	41.30	0.00	38.47	0.00		0.00
南华山北麓古洪积扇	GD–2–1–2–1–1–15	257.93	0.05	176.68	0.04	43.62	0.01	15.46	0.00	22.17	0.00		0.00
固原北川	GD–2–1–2–1–2–1	418.20	0.22	318.28	0.17	58.96	0.03	31.61	0.02	9.34	0.01		0.00
石碑湾黄土残塬	GD–2–1–2–1–2–2	67.15	0.01	67.15	0.01		0.00		0.00		0.00		0.00
马家河湾—李旺堡	GD–2–1–2–1–2–3	923.45	0.31		0.00		0.00	75.94	0.03	171.30	0.06	676.22	0.23

续表

七级区名称	七级区编号	面积（km^2）	补给量	TDS<1		1<TDS<2		2<TDS<3		3<TDS<5		TDS>5	
				面积	补给量	面积	补给量	面积	补给量	面积	补给量	面积	补给量
麻黄山黄土丘陵东	GD-3-3-2-1-1-1	856.00	0.01		0.00		0.00		0.00	642.55	0.01	213.45	0.00
南北古脊梁北段	GD-2-1-2-1-3-1	586.67	0.07	11.56	0.00		0.00	378.62	0.04	181.78	0.02	14.71	0.00
予旺洼地	GD-2-1-2-1-3-2	267.72	0.00		0.00		0.00	25.84	0.00	234.74	0.00	7.14	0.00
窑山—张家塬—炭山	GD-2-1-2-1-3-3	3770.15	0.08	14.14	0.00		0.00	149.33	0.00	2897.03	0.06	709.65	0.01
香山东段	GD-2-1-2-2-1-1	287.81	0.00	1.57	0.00	2.12	0.00	281.84	0.00	2.28	0.00		0.00
南山台子东段	GD-2-1-2-2-1-2	480.70	0.36	48.70	0.04		0.00	105.20	0.08	271.49	0.20	55.31	0.04
喊叫水	GD-2-1-2-2-1-3	686.92	0.05	12.28	0.00	22.70	0.00	293.87	0.02	282.71	0.02	75.35	0.01

续表

七级区名称	七级区编号	面积（km^2）	补给量	TDS<1		1<TDS<2		2<TDS<3		3<TDS<5		TDS>5	
				面积	补给量	面积	补给量	面积	补给量	面积	补给量	面积	补给量
香山	GD-2-1-2-2-1-1	2215.35	0.00	42.01	0.00	37.15	0.00	2076.12	0.00	60.07	0.00		0.00
南山台子西段	GD-2-1-2-2-1-2	320.69	0.24		0.00		0.00	128.88	0.10	191.81	0.14		0.00
卫宁平原	GD-2-1-2-2-3-1	1104.90	3.19	714.56	2.07	163.62	0.47	201.02	0.58	25.71	0.07		0.00
牛首山	GD-2-1-2-2-2-1	249.81	0.01	249.81	0.01		0.00		0.00		0.00		0.00
滚泉	GD-2-1-2-2-2-2	704.14	0.05	54.79	0.00	12.52	0.00	384.06	0.03	122.33	0.01	130.44	0.01
红寺堡南段	GD-2-1-2-2-2-3	323.43	0.04	301.11	0.03		0.00		0.00	20.05	0.00	2.27	0.00
罗山西麓	GD-2-1-2-2-2-4	19.14	0.00	19.14	0.00		0.00		0.00		0.00		0.00

续表

七级区名称	七级区编号	面积（km^2）	补给量	TDS<1		1<TDS<2		2<TDS<3		3<TDS<5		TDS>5	
				面积	补给量	面积	补给量	面积	补给量	面积	补给量	面积	补给量
烟筒山	GD-2-1-2-2-2-5	424.23	0.01		0.00		0.00	424.23	0.01		0.00		0.00
灵武东山南段	GD-2-1-2-5-3-1	206.30	0.01		0.00		0.00	160.39	0.01	45.91	0.00		0.00
灵武东山—石沟驿南段	GD-2-1-2-5-3-2	1179.53	0.05		0.00		0.00	35.94	0.00	1143.59	0.05		0.00
马家滩—大水坑南段	GD-2-1-2-5-3-3	909.57	0.06		0.00	0.20	0.00	283.42	0.02	625.95	0.04		0.00
麻黄山黄土丘陵西北	GD-2-1-2-5-3-4	31.38	0.00		0.00		0.00		0.00	31.38	0.00		0.00
麻黄山黄土丘陵西	GD-2-1-2-5-3-5	401.56	0.00		0.00		0.00	48.46	0.00	353.10	0.00		0.00
滚泉	GD-2-1-2-5-3-6	449.45	0.03	41.66	0.00		0.00	175.10	0.01	124.34	0.01	108.36	0.01

续表

七级区名称	七级区编号	面积（km^2）	补给量	TDS<1		1<TDS<2		2<TDS<3		3<TDS<5		TDS>5	
				面积	补给量	面积	补给量	面积	补给量	面积	补给量	面积	补给量
红寺堡北段	GD-2-1-2-5-3-7	217.11	0.02	216.28	0.02		0.00		0.00	0.82	0.00	0.00	0.00
罗山	GD-2-1-2-5-3-8	133.50	0.00	133.50	0.00		0.00		0.00		0.00		0.00
青龙山	GD-2-1-2-5-3-9	90.57	0.03		0.00		0.00	85.65	0.03	4.92	0.00		0.00
韦州—下马关	GD-2-1-2-5-3-10	1112.01	0.12	516.22	0.05		0.00	210.88	0.02	336.32	0.03	48.59	0.01
照壁山	GD-2-1-2-2-4-1	746.02	0.00		0.00		0.00	744.59	0.00	1.44	0.00		0.00
山前丘陵	GD-2-1-2-2-4-2	383.05	0.09		0.00		0.00	322.71	0.08	60.34	0.01		0.00
腾格里沙漠	GD-2-1-2-2-4-3	287.20	0.13		0.00		0.00	287.20	0.13		0.00		0.00

续表

七级区名称	七级区编号	面积（km^2）	补给量	TDS<1		1<TDS<2		2<TDS<3		3<TDS<5		TDS>5	
				面积	补给量	面积	补给量	面积	补给量	面积	补给量	面积	补给量
华布山台地	GD–2–1–2–4–3–1	643.89	0.16	436.70	0.11	18.82	0.00	121.17	0.03	67.21	0.02		0.00
陶乐高阶地南	GD–2–1–2–5–2–1	137.03	0.03		0.00		0.00		0.00	137.03	0.03		0.00
灵武东山北段	GD–2–1–2–5–2–2	665.64	0.03	4.02	0.00	14.28	0.00	464.04	0.02	183.31	0.01		0.00
古西天河西段	GD–2–1–2–5–2–3	1501.22	0.05	240.64	0.01	67.83	0.00	850.25	0.03	312.79	0.01	29.72	0.00
灵武东山—石沟驿北段	GD–2–1–2–5–2–4	561.22	0.03	44.58	0.00		0.00	323.44	0.02	193.20	0.01		0.00
王乐井黄土梁	GD–2–1–2–5–2–5	371.89	0.01		0.00		0.00	2.81	0.00	168.64	0.00	200.43	0.00
马家滩—大水坑东段	GD–2–1–2–5–2–6	1846.01	0.12		0.00	59.21	0.00	639.54	0.04	1011.50	0.06	135.77	0.01

续表

七级区名称	七级区编号	面积（km^2）	补给量	TDS<1		1<TDS<2		2<TDS<3		3<TDS<5		TDS>5	
				面积	补给量	面积	补给量	面积	补给量	面积	补给量	面积	补给量
麻黄山黄土丘陵东北	GD-2-1-2-5-2-7	68.48	0.00		0.00		0.00		0.00	68.48	0.00		0.00
古西天河东段	GD-2-2-3-1-1-1	135.71	0.00		0.00		0.00	135.71	0.00		0.00		0.00
马家滩—大水坑西段	GD-2-2-3-1-1-2	173.48	0.00		0.00		0.00	3.53	0.00	166.47	0.01		0.00
盐池	GD-2-2-3-1-1-4	1208.10	0.13	127.07	0.01	7.20	0.00	787.60	0.08	286.23	0.03		0.00
吴灵冲湖积平原	GD-2-1-2-4-2-1	500.98	1.00	187.98	0.37	208.63	0.42	44.61	0.09	59.76	0.12		0.00
苦水河三角洲	GD-2-1-2-4-2-2	286.01	0.57	162.09	0.32	123.92	0.25		0.00		0.00		0.00

续表

七级区名称	七级区编号	面积（km^2）	补给量	TDS<1		1<TDS<2		2<TDS<3		3<TDS<5		TDS>5	
				面积	补给量	面积	补给量	面积	补给量	面积	补给量	面积	补给量
陶乐冲湖积	GD–2–1–2–4–2–3	388.20	0.77	14.77	0.03	12.22	0.02	191.88	0.38	57.91	0.12	111.42	0.22
山前洪积倾斜平原	GD–2–1–2–4–1–1	618.08	1.23	618.08	1.23		0.00		0.00		0.00		0.00
冲洪积平原	GD–2–1–2–4–1–2	1241.38	2.47	1052.83	2.10	91.81	0.18	18.96	0.04	42.78	0.09	35.00	0.07
冲湖积平原	GD–2–1–2–4–1–3	3276.83	6.53	1161.84	2.31	1327.49	2.64	311.31	0.62	425.39	0.85	50.80	0.10
青铜峡冲积扇	GD–2–1–2–4–1–4	525.60	1.05	504.54	1.00	21.05	0.04		0.00		0.00		0.00
北部中低山	GD–2–1–2–3–1–1	664.47	0.13	664.47	0.13		0.00		0.00		0.00		0.00
中部中高山	GD–2–1–2–3–1–2	931.21	0.18	931.21	0.18		0.00		0.00		0.00		0.00

续表

七级区名称	七级区编号	面积（km^2）	补给量	TDS<1		1<TDS<2		2<TDS<3		3<TDS<5		TDS>5	
				面积	补给量	面积	补给量	面积	补给量	面积	补给量	面积	补给量
南部中低山	GD-2-1-2-3-1-3	300.73	0.10	300.73	0.10		0.00		0.00		0.00		0.00
石嘴山盆地	GD-2-1-2-4-4-1	126.71	0.25	126.71	0.25		0.00		0.00		0.00		0.00
煤山隆起区	GD-2-1-2-4-4-2	72.48	0.14	72.48	0.14		0.00		0.00		0.00		0.00
陶乐高阶地北	GD-2-1-2-5-1-1	286.27	0.07		0.00		0.00		0.00	286.27	0.07		0.00
香山内流区		77.24	0.00		0.00		0.00	77.24	0.00		0.00		0.00
腾格里沙漠内流区		519.04	0.24		0.00		0.00	519.04	0.24		0.00		0.00
合计		51970.24	23.63	12294.82	12.06	4961.60	4.66	12684.48	2.99	15536.42	2.96	6492.92	0.96

5.2.4 水均衡分析

银川平原、卫宁平原天然补给资源量采用水均衡法计算，均衡期1年，利用2019年资料分项计算各均衡要素。按照水均衡方程式，通过对平原区各补给项、排泄项计算，利用水均衡法分析：银川平原 $Q_{\text{补}}$ 为 $14.013\times10^8\,m^3/a$，$Q_{\text{排}}$ 为 $14.059\times10^8\,m^3/a$，相对均衡差为 −0.046；卫宁平原 $Q_{\text{补}}$ 为 $2.742\times10^8\,m^3/a$，$Q_{\text{排}}$ 为 $3.190\times10^8\,m^3/a$，相对均衡差为 −0.448。

表 5-3　本次与第二轮地下水天然补给资源量计算结果对比表

单位：$10^8\,m^3/a$

地下水资源分区						天然补给资源量（已扣除重复量）		
区	代号	亚区	代号	地段	代号	第一轮	第二轮	第三轮
贺兰山区	Ⅰ	北部中低山亚区	$Ⅰ_1$			0.0507	0.0218	0.127
		中部中高山亚区	$Ⅰ_2$			0.1532	0.1793	0.184
		南部中低山亚区	$Ⅰ_3$			0.0427	0.0573	0.104
		花布山台地亚区	$Ⅰ_4$			0.0093	0.1914	0.164
		小计				0.2559	0.4498	0.579
银川平原区	Ⅱ	河西平原亚区	$Ⅱ_1$	山前洪积倾斜平原地段	$Ⅱ_{1-1}$	0.4721	0.3203	1.231
				冲洪积平原地段	$Ⅱ_{1-2}$	2.5856	1.8853	2.472

续表

地下水资源分区						天然补给资源量（已扣除重复量）		
区	代号	亚区	代号	地段	代号	第一轮	第二轮	第三轮
银川平原区	Ⅱ	河西平原亚区	$Ⅱ_1$	冲湖积平原地段	$Ⅱ_{1-3}$	11.5724	14.9619	6.526
				青铜峡冲积扇地段	$Ⅱ_{1-4}$			1.047
		河东平原亚区	$Ⅱ_2$	吴灵冲湖积平原地段	$Ⅱ_{2-1}$	2.0636	3.5913	0.998
				苦水河三角洲地段	$Ⅱ_{2-2}$	0.7802		0.57
				陶乐冲洪积平原地段	$Ⅱ_{2-3}$	0.3144	0.2294	0.773
		石嘴山盆地亚区	$Ⅱ_3$	石嘴山盆地地段	$Ⅱ_{3-1}$			0.252
				煤山隆起地段	$Ⅱ_{3-2}$			0.144
小计						17.7883	20.9882	14.013
陶灵盐台地区	Ⅲ	东部波状台地亚区	$Ⅲ_1$	盐池地段	Ⅲ1-1	0.0628	0.2369	0.126
				古西天河地段	Ⅲ1-2	0.055	0.0451	0.051
				马家滩—大水坑地段	Ⅲ1-3	0.1394	0.1036	0.188
				王乐井黄土梁地段	$Ⅲ_{1-4}$	0.0055	0.0043	0.007
		西部低山丘陵亚区	$Ⅲ_2$	灵武东山—石沟驿地段	$Ⅲ_{2-1}$	0.0653	0.0386	0.081
				灵武东山地段	$Ⅲ_{2-2}$	0.0483	0.0178	0.041
		陶乐高阶地亚区	$Ⅲ_3$			0.0098	0.0121	0.097
小计						0.3861	0.4584	0.591

续表

地下水资源分区						天然补给资源量（已扣除重复量）		
区	代号	亚区	代号	地段	代号	第一轮	第二轮	第三轮
宁中山地及山间平原区	Ⅳ	卫宁北山亚区	$Ⅳ_1$	卫宁北山地段	$Ⅳ_{1-1}$	0.0048	0.0073	0.003
				山前丘陵地段	$Ⅳ_{1-2}$	0.0034	0.0137	0.09
		卫宁平原亚区	$Ⅳ_2$			4.3041	4.3166	3.194
		牛首山—罗山—青龙山亚区	$Ⅳ_3$	牛首山地段	$Ⅳ_{3-1}$	0.0019	0.0016	0.006
				烟筒山地段	$Ⅳ_{3-2}$	0.0074	0.0049	0.01
				罗山地段	$Ⅳ_{3-3}$	0.0034	0.0035	0.001
				青龙山地段	$Ⅳ_{3-4}$	0.0274	0.0386	0.032
				滚泉地段	$Ⅳ_{3-5}$	0.0319	0.029	0.08
				红寺堡地段	$Ⅳ_{3-6}$	0.0057	0.0271	0.061
				韦州—下马关地段	$Ⅳ_{3-7}$	0.0374	0.047	0.116
		香山亚区	$Ⅳ_4$	香山地段	$Ⅳ_{4-1}$	0.0466	0.0443	0.004
				南山台子地段	$Ⅳ_{4-2}$	0.0899	0.3623	0.599
				喊叫水地段	$Ⅳ_{4-3}$	0.013	0.0226	0.048
			小计			4.5769	4.9185	4.244
腾格里沙漠区	Ⅴ					0.1002	0.0689	0.367
宁南黄土丘陵与河谷平原区	Ⅵ	清水河谷平原亚区	$Ⅵ_1$	马家河—李旺堡地段	$Ⅵ_{1-1}$	0.163	0.0304	0.308
				固原北川地段	$Ⅵ_{1-2}$	0.1398	0.2786	0.225

续表

地下水资源分区						天然补给资源量（已扣除重复量）		
区	代号	亚区	代号	地段	代号	第一轮	第二轮	第三轮
宁南黄土丘陵与河谷平原区	Ⅵ	清水河谷平原亚区	$Ⅵ_1$	石碑湾黄土残塬地段	$Ⅵ_{1-3}$	0.0133	0.012	0.007
		西吉梁峁状黄土丘陵与河谷平原亚区	$Ⅵ_2$	六盘山西麓地段	$Ⅵ_{2-1}$	0.0988	0.1042	0.136
				葫芦河东部梁峁状黄土丘陵	$Ⅵ_{2-2}$	0.3119	0.2366	0.194
				葫芦河河谷平原地段	$Ⅵ_{2-3}$	0.0627	0.1034	0.111
				葫芦河西部梁峁状黄土丘陵	$Ⅵ_{2-4}$	0.0696	0.11	0.114
				树台洼地地段	$Ⅵ_{2-5}$	0.0342	0.0429	0.037
		海原残塬状黄土丘陵亚区	$Ⅵ_3$	南华山北麓古洪积扇地段	$Ⅵ_{3-1}$	0.0563	0.0456	0.054
				西安洲洼地地段	$Ⅵ_{3-2}$	0.0075	0.0091	0.01
				南西华山东北麓山前沉降带	$Ⅵ_{3-3}$	0.0188	0.0172	0.016
				蒿川—关桥—贾埫梁峁状黄土丘陵	$Ⅵ_{3-4}$	0.0328	0.0107	0.029

续表

地下水资源分区						天然补给资源量（已扣除重复量）		
区	代号	亚区	代号	地段	代号	第一轮	第二轮	第三轮
宁南黄土丘陵与河谷平原区	Ⅵ	海原残塬状黄土丘陵亚区	Ⅵ_{3}	兴隆—罗川红层丘陵地段	Ⅵ_{3-5}	0.024		0.019
				兴仁洼地地段	Ⅵ_{3-6}	0.033	0.0429	0.035
		清水河东塬梁峁状黄土丘陵亚区	Ⅵ_{4}	草庙—孟塬地段	Ⅵ_{4-1}	0.0219	0.1081	0.019
				南北古脊梁地段	Ⅵ_{4-2}	0.0169	0.2403	0.142
				官厅—古城地段	Ⅵ_{4-3}	0.0593	0.1146	0.07
				窑山—张家塬—炭山地段	Ⅵ_{4-4}	0.077	0.0501	0.079
				予旺洼地地段	Ⅵ_{4-5}	0.0008	0.0009	0.001
		麻黄山黄土丘陵亚区	Ⅵ_{5}			0.0272	0.0051	0.014
			小计			1.2688	1.5627	1.62
宁南山地区	Ⅶ	六盘山亚区	Ⅶ_{1}	大小关山和开城地段	Ⅶ_{1-1}	1.9559	1.8925	1.958
				马东山地段	Ⅶ_{1-2}	0.0452	0.0372	0.039
		月亮山亚区	Ⅶ_{2}			0.0741	0.0758	0.082
		南西华山亚区	Ⅶ_{3}	南华山地段	Ⅶ_{3-1}	0.0995	0.0842	0.101
				西华山地段	Ⅶ_{3-2}	0.022	0.0215	0.029
				盐池地段	Ⅶ_{3-3}			0.011
			小计			2.1967	2.1112	2.22
合计	7	22		51		26.5729	30.5577	23.634

5.3 地下水可开采资源量

根据水文地质条件和研究程度，本次采用不同方法对不同的计算区可开采资源量进行计算。计算区按地下水资源分区进行，分别计算银川平原、卫宁平原的潜水、承压水的可开采资源量。

5.3.1 计算方法及计算公式

（1）山区及山间盆地可开采资源量计算

①山区基流量法

贺兰山区的北部中低山（GD–2–1–2–3–1–1）、中部的中高山（GD–2–1–2–3–1–2）、南部的中低山（GD–2–1–2–3–1–3），牛首山—青龙山基岩山区的牛首山（GD–2–1–2–2–2–1）、烟筒山（GD–2–1–2–2–2–5）、罗山西麓（GD–2–1–2–2–2–4）、青龙山（GD–2–1–2–5–3–9），香山东段（GD–2–1–2–2–1–1）、香山西段（GD–2–1–2–2–2–1）及香山内流区，汭河流域的大小关山和开城南（GD–3–3–2–8–1–1），泾河上游的大小关山和开城中段（GD–3–3–2–6–1–4），葫芦河流域的大小关山和开城西段（GD–3–3–1–4–1–2），茹河流域的大小关山和开城北东（GD–3–3–2–4–1–4），海源残塬状黄土丘陵区的大小关山和开城北段（GD–2–1–2–1–1–2）、马东山（GD–2–1–2–1–1–4）、月亮山东（GD–2–1–2–1–1–3）、南华山（GD–2–1–2–1–1–6）、西华山（GD–2–1–2–1–1–12），苦水河流域的罗山（GD–2–1–2–5–3–8）的地下水可开采资源量采用山区基流量的20% 作为其可开采资源，计算公式：

$$Q_{山}=Q \cdot \Phi$$

式中：

$Q_{山}$——山区可开采资源量（10^8 m^3/a）；

Q——山区基流量（10^8 m^3/a）；

Φ——系数（取0.2）。

②平均布井法

海原残塬状黄土丘陵区的树台洼地（GD-2-1-2-1-1-10）、南华山北麓古洪积扇（GD-2-1-2-1-1-15）、西安州洼地（GD-2-1-2-1-1-13）、南西华山东北麓山前沉降带（GD-2-1-2-1-1-7）、蒿川—关桥—贾埫梁峁状黄土丘陵（GD-2-1-2-1-1-5）、兴仁洼地（GD-2-1-2-1-1-9）、葫芦河河谷平原（GD-3-3-1-4-1-4）等第四系砂砾石孔隙水可开采资源，采用平均布井法计算其可开采资源量，计算公式：

$$Q_{开}=\frac{FQ}{4R^2}10^2$$

式中：

$Q_{开}$——地下水开采资源量（10^8 m^3/a）；

Q——单井涌水量（m^3/d）；

F——计算区面积（km^2）；

R——影响半径（m）。

开采资源计算，分别以地下水资源分区为单位，采用统一换算口径200 mm、水位降深10 m 时的单井涌水量，作为平均布井单井涌水量。

（2）平原区潜水可开采资源量计算

①平均布井法

贺兰山前洪积斜平原地段（GD-2-1-2-4-1-1）、石嘴山盆地地段（GD–2–1–2–4–4–1）、青铜峡冲积扇地段（GD–2–1–2–1–2–1）采用平均布井法计算其潜水可开采资源量。以统一换算口径200 mm、水位降深10 m时单井涌水量，作为平均布井单井涌水量，以井影响半径的2.5倍作为平均布井的布井间距，影响半径采用非稳定流抽水试验计算参数，平均布井法计算公式：

$$Q_{开}=\frac{FQ}{4R^2}10^2$$

式中符号意义同前。

②开采条件下水均衡法

银川平原的冲洪积平原地段（GD–2–1–2–4–1–2）、冲湖积平原地段（GD–2–1–2–4–1–2）、吴灵冲湖积平原地段（GD–2–1–2–4–1–2）、苦水河三角洲地段（GD–2–1–2–4–1–2）、陶乐冲湖积平原地段（GD–2–1–2–4–2–3），卫宁平原亚区(GD–2–1–2–2–3–1）采用开采状态下的水均衡方程式计算其可开采资源量。开采状态下水均衡计算是以天然状态下水均衡计算为基础，在天然补给量不变的情况下进行，潜水位埋深在灌期控制在2 m，非灌期控制在3 m，区域地下水位调控在2 m，开采量基本上由三部分组成，同天然条件下相比，一是增加的补给量，二是减少的天然排泄量，三是疏干的容积储存量。

计算公式：

$$Q_{开}=W_{减}+Q_{排减}+V_{疏}$$

式中：

$Q_{开}$——地下水开采资源量（$10^8\ m^3/a$）；

$W_{减}$——开采地下水时，因水位下降而袭夺的蒸发量的减量（$10^8 m^3/a$）；

$Q_{排减}$——开采地下水时，水位下降而袭夺排水沟排泄量的减量（$10^8 m^3/a$）；

$V_{疏}$——非灌期地下水位下降2m时的疏干量（$10^8 m^3/a$）。

a. 蒸发量的减量

由于开采地下水，非灌期地下水位降至地面以下2 m，潜水蒸发量的减量等于天然状态下非灌期潜水蒸发量减去潜水位降至地面以下2 m 的蒸发量。

b. 排水沟排泄地下水的减量

排水沟主干沟开挖深度一般在地面以下3 m，天然状态下，排水沟既排地表水同时又排地下水。当开采地下水时，水位降至地面以下3 m，此时排水沟不再排泄地下水。

c. 疏干量

非灌期地下水位降至地面以下2 m 时的疏干量，计算公式：

$$Q_{疏}=F\cdot \Delta H\cdot \mu \cdot 10^{-2}$$

式中：

F——计算区面积（km^2）；

ΔH——计算区水位平均下降值（m）；

μ——平均给水度。

（3）平原区承压水可开采量计算

在天然状态下承压水的补给，来源于平原周边的地下水侧向径流补给、潜水垂直越流补给。承压水排泄途径主要为垂向越流、侧向流出和开采。承压水含水岩组以储存资源为其特征，但在开采条件下，水动力条件改变，同时改变了天然条件的平衡。由于地下水开采，地下水位大幅度下降，形成水位降落漏斗，则产生了开采条件下的地下水激发补给量，在激发补给量中，以越流补给量为主。

第Ⅱ含水岩组开采资源量计算，是根据此地区水文地质条件，以水位下降15 m（水位降深不超过第Ⅱ含水岩组顶板埋深），采用开采条件下水均衡法计算其开采资源量。

根据水均衡原理，将未来的开采量作为地下水消耗的排泄量考虑，开采条件下水均衡方程式如下：

$$Q_{开}=(Q_{侧入}-Q_{侧出})+Q_{弹}+Q_{越}$$

式中：

$Q_{开}$——开采条件下补给量之和（$10^8\ m^3/a$）；

$Q_{侧入}$——侧向流入计算区的水量（$10^8\ m^3/a$）；

$Q_{侧出}$——侧向流出计算区的水量（$10^8\ m^3/a$）；

$Q_{弹}$——含水岩组弹性释放量（$10^8\ m^3/a$）；

$Q_{越}$——越流补给量（$10^8\ m^3/a$）。

在开采条件下，承压含水岩组补给量包括：侧向径流补给量、第Ⅰ含水岩组越流补给量、含水岩组弹性释放量。

①侧向流入、流出量计算

根据水文地质条件与地下水流场，确定侧向流入与流出边界。由于区域地下水同时开采，地下水水力坡度基本保持不变，开采条件下水力坡度仍采用天然状态下水力坡度，侧向流入量与流出量采用达西公式计算。

$$Q_{侧}=K\cdot H\cdot L\cdot I$$

式中符号意义同前。

②越流补给量

宁夏平原多层结构区上覆第Ⅰ含水岩组是第Ⅱ含水岩组地下水的主要补给来源，在开采条件下，地下水位下降形成水位下降漏斗，第Ⅰ含水岩组与第Ⅱ含水岩组水力梯度增大，在重力作用下，通过越流方式补给第Ⅱ含水岩组，越流补给量计算公式。

$$Q_{越}=F\frac{K'}{m'}\cdot \Delta H\cdot 10^{2}$$

式中：

F——计算面积（km^2）；

K' ——第Ⅱ含水岩组隔水顶板的垂向渗透系数（m/d）；

m' ——隔水顶板平均厚度（m）；

ΔH——第Ⅰ、Ⅱ含水岩组水头差（m）。

③弹性释水量计算

在开采条件下，承压含水岩组水位下降，含水层的弹性压力减小造成水的弹性膨胀，从含水层中释放水量。它取决于水位降低程度，开采时间长短及含水层弹性释水系数。计算公式如下：

$$Q_{弹}=\frac{F\cdot S\cdot S^{※}}{t}\cdot 10^{2}$$

式中：

$Q_{弹}$——弹性释水量（$10^8 m^3/a$）；

F——计算面积（km^2）；

S——水位下降值（m）；

$S^{※}$——弹性释水系数。

5.3.2　参数选取

（1）给水度

给水度与地下水含水层岩性等因素有关。本次根据平原区水源地勘探时非稳定流抽水试验资料，同时参考《宁夏回族自治区水资源调查评价》《宁夏地下水资源》及《银川平原农业生产基地地下水资源评价及环境地质综合勘查评价报告》中的给水度进行取值。

（2）渗透系数、弹性释水系数、越流系数

《银川平原农业生产基地地下水资源评价及环境地质综合勘查评价报告》中对渗透系数、弹性释水系数、越流系数做了系统的分析与计算，并进行了参数分区，本次参考了上述报告中的参数，并根据近年来平原区水源地勘探时取得的参数进行核实更新最终取值。

5.3.3　计算结果

经计算宁夏地下水可开采资源量为$13.785\times10^8\ m^3/a$，计算结果见表5–4。宁夏地下水可开采资源量总量$13.785\times10^8\ m^3/a$，其中溶解性总固体小于1 g/L 的资源量$7.378\times10^8\ m^3/a$，占补给资源量的54%，1~2 g/L 的资源量$2.944\times10^8\ m^3/a$，占补给资源量的21%，2~3 g/L 的资源量$1.572\times10^8\ m^3/a$，占补给资源量的11%，3~5 g/L 的资源量$1.522\times10^8\ m^3/a$，占补给资源量的11%，大于5 g/L 的资源量$0.369\times10^8\ m^3/a$，占补给资源量的3%。

表 5-4　黄河流域七级分区地下水可开采资源量计算结果表

单位：km^2、$10^8m^3/a$、g/L

七级区名称	七级区编号	面积（km^2）	开采量（10^8m^3）	TDS<1		1<TDS<2		2<TDS<3		3<TDS<5		TDS>5	
				面积	补给量	面积	补给量	面积	补给量	面积	补给量	面积	补给量
大小关山和开城南	GD-3-3-2-8-1-1	168.42	0.03299	77.86	0.0153	76.61	0.0150	7.33	0.0014	6.61	0.0013		0.0000
草庙—孟塬南段	GD-3-3-2-6-1-1	167.67	0.00102	98.67	0.0006	68.99	0.0004		0.0000		0.0000		0.0000
南北古脊梁南段	GD-3-3-2-6-1-2	45.52	0.00263	43.30	0.0025	2.22	0.0001		0.0000		0.0000		0.0000
官厅—古城南段	GD-3-3-2-6-1-3	86.75	0.00695	14.27	0.0011	72.48	0.0058		0.0000		0.0000		0.0000
大小关山和开城中部	GD-3-3-2-6-1-4	964.19	0.18889	314.70	0.0616	250.57	0.0491	42.29	0.0083	356.64	0.0699		0.0000
六盘山西麓南	GD-3-3-1-4-1-1	419.49	0.01839		0.0000		0.0000	31.12	0.0014	229.53	0.0101	158.84	0.0070
大小关山和开城西	GD-3-3-1-4-1-2	228.43	0.04475	228.43	0.0448		0.0000		0.0000		0.0000		0.0000

续表

七级区名称	七级区编号	面积（km^2）	开采量（10^8m^3）	TDS<1		1<TDS<2		2<TDS<3		3<TDS<5		TDS>5	
				面积	补给量	面积	补给量	面积	补给量	面积	补给量	面积	补给量
葫芦河东部梁峁状黄土丘陵	GD-3-3-1-4-1-3	1187.64	0.03887		0.0000		0.0000	138.84	0.0045	517.38	0.0169	531.43	0.0174
葫芦河平原	GD-3-3-1-4-1-4	401.32	0.02227	401.32	0.0223		0.0000		0.0000		0.0000		0.0000
月亮山西	GD-3-3-1-4-1-5	112.45	0.00229	101.68	0.0021	3.00	0.0001	7.78	0.0002		0.0000		0.0000
葫芦河西部梁峁状黄土丘陵南	GD-3-3-1-4-1-6	1115.95	0.01589		0.0000		0.0000	58.64	0.0008	389.69	0.0055	667.62	0.0095
草庙—孟塬北段	GD-3-3-2-4-1-1	1235.76	0.00752	261.77	0.0016	973.99	0.0059		0.0000		0.0000		0.0000
南北古脊梁中段	GD-3-3-2-4-1-2	616.09	0.0356	148.29	0.0086	460.17	0.0266	2.91	0.0002	4.72	0.0003		0.0000
官厅—古城北段	GD-3-3-2-4-1-3	573.30	0.04595	53.36	0.0043	334.42	0.0268	71.05	0.0057	114.47	0.0092		0.0000

续表

七级区名称	七级区编号	面积（km^2）	开采量（10^8m^3）	TDS<1		1<TDS<2		2<TDS<3		3<TDS<5		TDS>5	
				面积	补给量	面积	补给量	面积	补给量	面积	补给量	面积	补给量
大小关山和开城北东	GD-3-3-2-4-1-4	359.48	0.07042	301.75	0.0591	42.53	0.0083		0.0000	15.20	0.0030		0.0000
葫芦河西部梁峁状黄土丘陵中	GD-2-1-1-3-1-1	406.06	0.00578		0.0000		0.0000	20.00	0.0003	82.89	0.0012	303.16	0.0043
六盘山西麓北	GD-2-1-2-1-1-1	203.22	0.00891		0.0000		0.0000	34.00	0.0015	169.22	0.0074		0.0000
大小关山和开城北	GD-2-1-2-1-1-2	278.03	0.05447	196.55	0.0385	81.48	0.0160		0.0000		0.0000		0.0000
月亮山东	GD-2-1-2-1-1-3	689.01	0.01402	198.74	0.0040	184.75	0.0038	305.53	0.0062		0.0000		0.0000
马东山	GD-2-1-2-1-1-4	384.01	0.00779	168.46	0.0034	5.24	0.0001		0.0000	210.31	0.0043		0.0000
蒿川—关桥—贾堉梁峁状黄土丘陵	GD-2-1-2-1-1-5	1982.97	0.0058		0.0000		0.0000	32.25	0.0001	704.52	0.0021	1246.21	0.0036

续表

七级区名称	七级区编号	面积（km^2）	开采量（10^8m^3）	TDS<1		1<TDS<2		2<TDS<3		3<TDS<5		TDS>5	
				面积	补给量	面积	补给量	面积	补给量	面积	补给量	面积	补给量
南华山	GD-2-1-2-1-1-6	218.84	0.02015		0		0	17.06	0.0016	201.78	0.0186		0
南西华山北麓山前沉降带	GD-2-1-2-1-1-7	859.4	0.00317	36.12	0.0001	92.19	0.0003	54.52	0.0002	371.38	0.0014	305.19	0.0011
兴隆—罗山红层丘陵	GD-2-1-2-1-1-8	643.89	0.00376		0		0		0	62.48	0.0004	581.42	0.0034
兴仁洼地	GD-2-1-2-1-1-9	443.97	0.00695		0		0	138.39	0.0022	305.58	0.0048		0
树台洼地	GD-2-1-2-1-1-10	583.89	0.00735		0		0	88.62	0.0011	403.07	0.0051	92.2	0.0012
西华山西段	GD-2-1-2-1-1-11	50.49	0.00221		0		0	39.64	0.0017	8.6	0.0004	2.25	0.0001
西华山	GD-2-1-2-1-1-12	132.9	0.00582		0		0	119.44	0.0052	13.46	0.0006		0
西安州洼地	GD-2-1-2-1-1-13	95.26	0.00193	59.36	0.0012	19.61	0.0004	16.29	0.0003	0	0		0

续表

七级区名称	七级区编号	面积（km^2）	开采量（10^8m^3）	TDS<1		1<TDS<2		2<TDS<3		3<TDS<5		TDS>5	
				面积	补给量	面积	补给量	面积	补给量	面积	补给量	面积	补给量
葫芦河西部梁峁状黄土丘陵北	GD–2–1–2–1–1–14	79.76	0.00114		0		0	41.3	0.0006	38.47	0.0005		0
南华山北麓古洪积扇	GD–2–1–2–1–1–15	257.93	0.01076	176.68	0.0074	43.62	0.0018	15.46	0.0006	22.17	0.0009		0
固原北川	GD–2–1–2–1–2–1	418.2	0.2361	318.28	0.1797	58.96	0.0333	31.61	0.0178	9.34	0.0053		0
石碑湾黄土残塬	GD–2–1–2–1–2–2	67.15	0	67.15	0		0		0		0		0
马家河湾—李旺堡	GD–2–1–2–1–2–3	923.45	0.0105		0		0	75.94	0.0009	171.3	0.0019	676.22	0.0077
麻黄山黄土丘陵东	GD–3–3–2–1–1–1	856	0.00179		0		0		0	642.55	0.0013	213.45	0.0004
南北古脊梁北段	GD–2–1–2–1–3–1	586.67	0.0339	11.56	0.0007		0	378.62	0.0219	181.78	0.0105	14.71	0.0009

续表

七级区名称	七级区编号	面积（km^2）	开采量（10^8m^3）	TDS<1		1<TDS<2		2<TDS<3		3<TDS<5		TDS>5	
				面积	补给量	面积	补给量	面积	补给量	面积	补给量	面积	补给量
予旺洼地	GD-2-1-2-1-3-2	267.72	0.00202		0		0	25.84	0.0002	234.74	0.0018	7.14	0.0001
窑山—张家塬—炭山	GD-2-1-2-1-3-3	3770.15	0.01328	14.14	0		0	149.33	0.0005	2897.03	0.0102	709.65	0.0025
香山东段	GD-2-1-2-2-1-1	287.81	0.000084	1.57	0	2.12	0	281.84	0.0001	2.28	0		0
南山台子东段	GD-2-1-2-2-1-2	480.7	0.11607	48.7	0.0118		0	105.2	0.0254	271.49	0.0656	55.31	0.0134
喊叫水	GD-2-1-2-2-1-3	686.92	0.0265	12.28	0.0005	22.7	0.0009	293.87	0.0113	282.71	0.0109	75.35	0.0029
香山	GD-2-1-2-2-1-1	2215.35	0.00064	42.01	0	37.15	0	2076.12	0.0006	60.07	0		0
南山台子西段	GD-2-1-2-2-1-2	320.69	0.07743		0		0	128.88	0.0311	191.81	0.0463		0
卫宁平原	GD-2-1-2-2-3-1	1104.9	2.14468	714.56	1.387	163.62	0.3176	201.02	0.3902	25.71	0.0499		0
牛首山	GD-2-1-2-2-2-1	249.81	0.00118	249.81	0.0012		0		0		0		0

续表

七级区名称	七级区编号	面积（km^2）	开采量（10^8m^3）	TDS<1		1<TDS<2		2<TDS<3		3<TDS<5		TDS>5	
				面积	补给量	面积	补给量	面积	补给量	面积	补给量	面积	补给量
滚泉	GD–2–1–2–2–2–2	704.14	0	54.79	0	12.52	0	384.06	0	122.33	0	130.44	0
红寺堡南段	GD–2–1–2–2–2–3	323.43	0.05318	301.11	0.0495		0		0	20.05	0.0033	2.27	0.0004
罗山西麓	GD–2–1–2–2–2–4	19.14	0.000032	19.14	0		0		0		0		0
烟筒山	GD–2–1–2–2–2–5	424.23	0.00201		0		0	424.23	0.002		0		0
灵武东山南段	GD–2–1–2–5–3–1	206.3	0		0		0	160.39	0	45.91	0		0
灵武东山—石沟驿南段	GD–2–1–2–5–3–2	1179.53	0		0		0	35.94	0	1143.59	0		0
马家滩—大水坑南段	GD–2–1–2–5–3–3	909.57	0.10639		0	0.2	0	283.42	0.0332	625.95	0.0732		0

续表

七级区名称	七级区编号	面积（km^2）	开采量（10^8m^3）	TDS<1		1<TDS<2		2<TDS<3		3<TDS<5		TDS>5	
				面积	补给量	面积	补给量	面积	补给量	面积	补给量	面积	补给量
麻黄山黄土丘陵西北	GD-2-1-2-5-3-4	31.38	0.000066		0		0		0	31.38	0.0001		0
麻黄山黄土丘陵西	GD-2-1-2-5-3-5	401.56	0.00084		0		0	48.46	0.0001	353.1	0.0007		0
滚泉	GD-2-1-2-5-3-6	449.45	0	41.66	0		0	175.1	0	124.34	0	108.36	0
红寺堡北段	GD-2-1-2-5-3-7	217.11	0.0357	216.28	0.0356		0		0	0.82	0.0001	0	0
罗山	GD-2-1-2-5-3-8	133.5	0.00022	133.5	0.0002		0		0		0		0
青龙山	GD-2-1-2-5-3-9	90.57	0.00647		0		0	85.65	0.0061	4.92	0.0004		0
韦州一下马关	GD-2-1-2-5-3-10	1112.01	0.0363	516.22	0.0169		0	210.88	0.0069	336.32	0.011	48.59	0.0016
照壁山	GD-2-1-2-2-4-1	746.02	0.00045		0		0	744.59	0.0004	1.44	0		0

续表

七级区名称	七级区编号	面积（km^2）	开采量（10^8m^3）	TDS<1		1<TDS<2		2<TDS<3		3<TDS<5		TDS>5	
				面积	补给量	面积	补给量	面积	补给量	面积	补给量	面积	补给量
山前丘陵	GD–2–1–2–2–4–2	383.05	0.00023		0		0	322.71	0.0002	60.34	0		0
腾格里沙漠	GD–2–1–2–2–4–3	287.2	0		0		0	287.2	0		0		0
华布山台地	GD–2–1–2–4–3–1	643.89	0.03289	436.7	0.0223	18.82	0.001	121.17	0.0062	67.21	0.0034		0
陶乐高阶地南	GD–2–1–2–5–2–1	137.03	0.02538		0		0		0	137.03	0.0254		0
灵武东山北段	GD–2–1–2–5–2–2	665.64	0	4.02	0	14.28	0	464.04	0	183.31	0		0
古西天河西段	GD–2–1–2–5–2–3	1501.22	0.04294	240.64	0.0069	67.83	0.0019	850.25	0.0243	312.79	0.0089	29.72	0.0008
灵武东山—石沟驿北段	GD–2–1–2–5–2–4	561.22	0	44.58	0		0	323.44	0	193.2	0		0
王乐井黄土梁	GD–2–1–2–5–2–5	371.89	0.0142		0		0	2.81	0.0001	168.64	0.0064	200.43	0.0077

续表

七级区名称	七级区编号	面积（km^2）	开采量（10^8m^3）	TDS<1		1<TDS<2		2<TDS<3		3<TDS<5		TDS>5	
				面积	补给量	面积	补给量	面积	补给量	面积	补给量	面积	补给量
马家滩—大水坑东段	GD-2-1-2-5-2-6	1846.01	0.21592		0	59.21	0.0069	639.54	0.0748	1011.5	0.1183	135.77	0.0159
麻黄山黄土丘陵东北	GD-2-1-2-5-2-7	68.48	0.00014		0		0		0	68.48	0.0001		0
古西天河东段	GD-2-2-3-1-1-1	135.71	0.00386		0		0	135.71	0.0039		0		0
马家滩—大水坑西段	GD-2-2-3-1-1-2	173.48	0.01988		0		0	3.53	0.0004	166.47	0.0194		0
盐池	GD-2-2-3-1-1-3	1208.1	0.1539	127.07	0.0162	7.2	0.0009	787.6	0.1003	286.23	0.0365		0
吴灵冲湖积平原	GD-2-1-2-4-2-1	500.98	0.67928	187.98	0.2549	208.63	0.2829	44.61	0.0605	59.76	0.081		0
苦水河三角洲	GD-2-1-2-4-2-2	286.01	0.38781	162.09	0.2198	123.92	0.168		0		0		0

续表

七级区名称	七级区编号	面积（km^2）	开采量（10^8m^3）	TDS<1		1<TDS<2		2<TDS<3		3<TDS<5		TDS>5	
				面积	补给量	面积	补给量	面积	补给量	面积	补给量	面积	补给量
陶乐冲湖积	GD-2-1-2-4-2-3	388.2	0.52637	14.77	0.02	12.22	0.0166	191.88	0.2602	57.91	0.0785	111.42	0.1511
山前洪积倾斜平原	GD-2-1-2-4-1-1	618.08	0.83806	618.08	0.8381		0		0		0		0
冲洪积平原	GD-2-1-2-4-1-2	1241.38	1.68321	1052.83	1.4275	91.81	0.1245	18.96	0.0257	42.78	0.058	35	0.0475
冲湖积平原	GD-2-1-2-4-1-3	3276.83	4.44309	1161.84	1.5754	1327.49	1.8	311.31	0.4221	425.39	0.5768	50.8	0.0689
青铜峡冲积扇	GD-2-1-2-4-1-4	525.6	0.71266	504.54	0.6841	21.05	0.0285		0		0		0
北部中低山	GD-2-1-2-3-1-1	664.47	0.02512	664.47	0.0251		0		0		0		0
中部中高山	GD-2-1-2-3-1-2	931.21	0.03584	931.21	0.0358		0		0		0		0
南部中低山	GD-2-1-2-3-1-3	300.73	0.02046	300.73	0.0205		0		0		0		0
石嘴山盆地	GD-2-1-2-4-4-1	126.71	0.17181	126.71	0.1718		0		0		0		0

续表

七级区名称	七级区编号	面积（km^2）	开采量（10^8m^3）	TDS<1		1<TDS<2		2<TDS<3		3<TDS<5		TDS>5	
				面积	补给量	面积	补给量	面积	补给量	面积	补给量	面积	补给量
煤山隆起区	GD-2-1-2-4-4-2	72.48	0.09827	72.48	0.0983		0		0		0		0
陶乐高阶地北	GD-2-1-2-5-1-1	286.27	0.05302		0		0		0	286.27	0.053		0
香山内流区		77.24	0.000022		0		0	77.24	0		0		0
腾格里沙漠内流区		519.04	0		0		0	519.04	0		0		0

第6章　结论与建议

6.1　结论

宁夏水文地质分区为贺兰山区（Ⅰ）、银川平原区（Ⅱ）、陶灵盐台地区（Ⅲ）、宁中山地与山间平原区（Ⅳ）、腾格里沙漠区（Ⅴ）、宁南黄土丘陵与河谷平原区（Ⅵ）、宁南山地区（Ⅶ）七个水文地质区。

根据黄河流域六级区，将黄河流域宁夏段划分为88个七级流域分区。

宁夏地下水天然补给资源量总量$23.63\times10^8\ m^3/a$，可开采资源量总量$13.785\times10^8\ m^3/a$（表6–1）。

表 6–1　宁夏流域不同 TDS 区间地下水资源量统计表

单位：$10^8\ m^3/a$、g/L

类型	TDS<1	1<TDS<2	2<TDS<3	3<TDS<5	TDS>5	总量
	补给量	补给量	补给量	补给量	补给量	
天然资源量	12.06	4.66	2.99	2.96	0.96	23.63
可开采资源量	7.38	2.94	1.57	1.52	0.37	13.78

6.2 建议

建议开展宁夏深层地下水勘查研究，将地表水与地下水统筹规划、合理利用，用地下水开采量替代地表水在城镇生活用水耗用量，在黄河水耗用总量控制下，将节省的地表水扬到南部山区。

本次工作由于实物工作量较少，使得评价参数更新较少，建议后期一是加大项目资金投入，部署相关实物工作量；二是加大地下水监测频率与覆盖面，加强水文地质参数更新，提升水资源评价精度。

银川都市圈城乡西线供水计划将实现银川市、石嘴山市、青铜峡市全线覆盖黄河水。为缓解黄河水用水压力，提升水资源合理开发利用，建议宁夏地下水主要用于城镇生活与农村人畜用水。

参考文献

[1] 宁夏第一水文地质队．宁夏回族自治区地下水资源评价报告．1984年．

[2] 宁夏地质工程勘察院．银川平原农业生产基地地下水资源和环境地质综合勘察报告.1995年．

[3] 宁夏回族自治区地质调查院．宁夏回族自治区地下水资源评价报告．2002年．

[4] 宁夏回族自治区水文环境地质勘察院．宁夏沿黄经济区水文地质环境地质调查成果报告．2015年．

[5] 宁夏回族自治区水文环境地质勘察院． 银川平原地下水资源合理配置调查评价．2005年．

[6] 宁夏回族自治区水文环境地质勘察院．沿黄生态经济带地下水资源开发利用与生态环境保护效应调查评价.2020.

[7] 宁夏水文水资源勘测局．宁夏水资源公报.2019年．

[8] 何俊江．地下水资源评价方法［J］．建筑工程技术与设计,2014（34）．

[9] 李晓英，顾文钰．水均衡在区域地下水资源量评价中的应用研究［J］．水资源与水工程学报，2014，25（1）：87-90.